清江流域小水电增效扩容项目建设

湖北清江水电开发有限责任公司　编

·北京·

内容提要

小水电增效扩容改造，是国家为加速小水电事业发展的一项重要战略举措，通过实施增效扩容改造，可以实现清江流域小水电设备升级、技术进步、效益提高的发展目标。

本书首先整体概括分析了全国范围内水电站现状，又从细节分析了宜昌地区水电站现状、区域水电站现状、增效扩容改造的基本要求；然后列举了详细工程样例供读者参考；最后进一步详细讲解了工程设计与工程管理中的各项细节。

本书作为小型水电站增效扩容改造的经验总结，可供农村水电行业的业主、设计、施工、监理等单位借鉴参考。

图书在版编目（CIP）数据

清江流域小水电增效扩容项目建设 / 湖北清江水电开发有限责任公司编. -- 北京 : 中国水利水电出版社, 2021.7

ISBN 978-7-5170-9685-6

Ⅰ. ①清… Ⅱ. ①湖… Ⅲ. ①清江－流域－水利水电工程－扩容改造 Ⅳ. ①TV

中国版本图书馆CIP数据核字（2021）第126482号

责任编辑：杨元泓　　加工编辑：王开云　　封面设计：成　伟

书　　名	清江流域小水电增效扩容项目建设 QING JIANG LIUYU XIAO SHUIDIAN ZENGXIAO KUORONG XIANGMU JIANSHE
作　　者	湖北清江水电开发有限责任公司　编
出版发行	中国水利水电出版社 （北京市海淀区玉渊潭南路1号D座　100038） 网址：www.waterpub.com.cn E-mail：mchannel@263.net（万水） sales@waterpub.com.cn 电话：（010）68367658（营销中心）、82562819（万水）
经　　售	全国各地新华书店和相关出版物销售网点
排　　版	北京万水电子信息有限公司
印　　刷	三河市德贤弘印务有限公司
规　　格	170mm×240mm　16开本　12.75印张　212千字
版　　次	2021年7月第1版　2021年7月第1次印刷
定　　价	68.00元

编委会

前　言

谷坪水电站于1994年投产发电，经过20多年的运行，且随着上游水电站的建成发电，水库的运行指标发生了较大变化，水库基本运行水位区间较之前有了较大提升，水轮机设计工况改变。湖北省是“十三五”农村小水电增效改造计划的试点省份之一，谷坪水电站经申报政策扶持，积极与省、市、县水利部门进行沟通，成功获批“十三五”增效改造水电站，计划工期12个月。

为保障增效改造的顺利进行，谷坪水电站工程项目部（以下简称项目部）成立独立的组织机构，以落实业主的主体责任为核心，达到了零异常、零违章、零污染的“三零”目标，对关键环节、关键工序、隐蔽工程和重要部位进行严格的质量检验，紧密跟踪安装过程，注重新技术、新工艺、新方法，不断地研究和改进安装工艺和安装技术。依靠谷坪水电站工程项目部在管理、技术、人才、资金等方面的优势，谷坪水电站历经漫长的修炼，焕发了全新的生机和活力。

增效改造实施过程中，谷坪水电站改造项目部行内涵式发展与专业化管理道路，以扁平化管理的项目小组作为突击攻坚，以垂直式管理的既有机构作为验收把控，多种管理方法层层递进，既简化流程、高效地完成了施工，又保障了设备的安全可靠、全面完善、交接有序。

本书较为详细地介绍了清江流域小水电资源及开发概况、工程样例、工程设计、机电设计与选型、工程管理的相关内容，较全面地涵盖了谷坪水电站增效改造的工作。本书作为小型水电站增效扩容改造的经验总结，可供农村水电行业的业主、设计、施工、监理等单位借鉴参考。

本书在编写过程中得到了董峰创新工作室的大力支持和热情帮助，在此致以诚挚的感谢。由于编写时间仓促，书中难免有疏漏之处，敬请批评指正。

祝　迪
2021 年 5 月

目　录

第一章　清江流域小水电资源及开发概况

第一节　国内水电站现状

我国幅员辽阔，河流众多，蕴藏着丰富的水能资源。依据《农村水能资源调查评价成果》，我国农村水能资源分布在全国 1715 个县（市），有 1504 个县（市）开发了农村水能资源。全国水能资源 50MW 以下技术可开发装机容量 128032MW，年发电量 5350 亿 kWh。已（正）开发装机容量 69086MW，年发电量 2875 亿 kWh。分别占可开发容量的 54.0% 和年发电量的 53.7%。

农村水能资源季节分布不均，有多数江河丰水季节、枯水季节径流量相差较大；水能资源地域分布不均，西部水能资源多，东部水能资源少，区域之间水能资源条件差异很大。所分布的山区县与我国人口贫困、区位生态建设分布基本一致。合理利用和开发农村水能资源对提升农民收入、改善能源结构、解决农村用电问题以及促进地方经济社会发展具有重要作用。农村水能资源投资工期短、规模适中、见效快、开发便利，适合农村集体经济组织和地方开发。

第二节　宜昌地区水电站现状

宜昌水能资源富集，1000km² 以上流域面积的河流达到 6 条，分别是渔洋河、黄柏河、清江、香溪河、长江、沮漳河；境内 28 条河流的流域面积达

200km² 以上；境内 128 条河流的流域面积达 50km² 以上，总长 4320km；宜昌境内有 183 条河流的流域面积达到 30km² 以上，总长 5070km。宜昌是水库大市，市辖区内共有注册水库 459 座（含中央及省管理的三峡、葛洲坝、高坝洲、隔河岩 4 座大型水库）。境内已建成三峡、葛洲坝、隔河岩、高坝洲 4 座大型水电站，全市水能理论蕴藏量达 3000 万 kW，其中全市中小河流水能蕴藏量 174 万 kW。

1956 年，宜昌水电事业正式起步，宜都市谢家洞水电站建成发电，拉开了全市农村水电建设的序幕。截至 2020 年，全市已开发水能资源项目 463 座，发电量 100 万 kW（不含退出及在建水电站），占可开发量的 57.4%；年平均发电量占全市年平均用电量的 10%，达到 23 亿 kWh。全市每年可减少排放二氧化碳 180 万 t，节约标准煤约 72 万 t，减少二氧化硫和氮氧化物有害气体近 1 万 t，生态环境得到了合理的保护。

截至 2020 年，全市辖区内小型水电站总数 480 座，其中运行水电站 463 座，退出水电站 11 座，在建水电站 6 座。

按行政区域划分，宜昌市小型水电站主要分布在 9 个县（市）区，其中秭归县水电站数量最多，枝江市、猇亭区、伍家区、西陵区无小型水电站。运行的 463 座小型水电站分布为：市直 10 座、点军区 3 座、夷陵区 58 座、宜都市 17 座、当阳市 11 座、远安县 19 座、兴山县 85 座、长阳县 71 座、五峰县 83 座、秭归县 106 座。退出的 11 座为：宜都市 1 座，当阳市 1 座，兴山县 2 座，长阳县 1 座，五峰县 3 座，秭归县 3 座。

截至 2020 年 5 月，全市辖区内运行的 463 座小型水电站总装机容量 100 万 kW，退出类 11 座小型水电站总装机 0.5 万 kW。

运行 463 座小型水电站装机容量按规模划分：1 万 kW 至 5 万 kW 的水电站（小 1 型）19 座，占 4.1%。小于 1 万 kW 的水电站（小 2 型）444 座，占 95.9%。在小 2 型水电站中，1000kW 至 2000kW 的水电站 89 座，占 19.22%，2000~3000kW 的水电站 42 座，占 9.07%，3000kW 至 5000kW 的水电站 38 座，占 8.21%，5000kW 至 10000kW 的水电站 26 座，占 5.62%。

500kW 至 1000kW 的水电站 105 座，占 22.68%，500kW 以下水电站 144 座，占 31.1%。

运行的 463 座小型水电站装机容量按区域划分：市直 4.89 万 kW，点军区 0.14 万 kW，夷陵区 7.44 万 kW，宜都市 5.98 万 kW，当阳市 1.31 万 kW，远安县 2.8 万 kW，兴山县 23.38 万 kW，长阳县 18.53 万 kW，五峰县 23.91 万 kW，秭归县 11.69 万 kW。

截至 2020 年 5 月，全市运行 463 座小型水电站中引水式水电站 396 座，占 85.5%，坝后式、混合式等类型水电站 67 座，占 14.5%。

宜昌市小水电站起步早，早期建设的水电站存在着设备设施严重老化、发电效能逐年减弱、技术水平落伍等问题，不仅造成了水能资源的极大浪费，还存在着很多安全隐患。所以在国家的政策支持下，宜昌市对一批小水电站开展了增效扩容改造工作。“十二五”以来，宜昌市共有 137 座小水电站进行了增效扩容改造，其中“十二五”期间共有 63 座小水电站进行增效扩容改造，改造后装机容量提升了 21810kW；“十三五”期间共有 74 座水电站纳入增效扩容改造范围，改造后装机容量提升了 14827kW，“十三五”期间还实施了 93 处河流生态项目。通过增效扩容项目的实施，对老旧水电站机电设备和配套设施进行更新改造，提升了水电站综合能效和安全性能，合理利用水能资源，维护了河道流域健康。

“十二五”以来，宜昌市共有 9 座水电站先后列入小水电扶贫试点项目，总装机容量 29390kW。先后有 13 座水电站列入以电代燃项目，水电站总装机容量 31850kW。小水电扶贫项目及以电代燃项目的实施，以建档立卡帮助贫困农民和帮扶贫困村为目标，不但带动了原有贫困山区的经济发展，同时给偏远地区群众带来了收益，老百姓得到了切实的利益。

宜昌市小型水电站分布涉及 3 个自然保护区共 8 座水电站，其中核心区水电站 1 座（已拆除），缓冲区水电站 1 座，实验区水电站 6 座。具体分布为：长阳县崩尖子国家级自然保护区核心区水电站 1 座，为金竹墩水电站，已于 2018 年 10 月拆除；缓冲区水电站 1 座，为竹园坪水电站，正在运行；

实验区水电站两座，为四方洞水电站和陈家坪水电站，均在运行。三峡大老岭国家级自然保护区实验区水电站1座，为大老岭水电站，正在运行。三峡万朝山省级自然保护区实验区水电站3座，为黄龙洞水电站、龙门河水电站和茅龙山水电站，正在运行。

第三节 区域水电站现状

长阳县水能资源开发历史悠久，但由于原有水电站多建于20世纪七八十年代，渠道简易，设备老化，发电状况极不理想。近8年来长阳县水能资源开发建设得政策之先，迎来了新的发展机遇，水电建设取得了历史性的新突破，水电产业已成为长阳县主要的支柱型产业，为长阳县社会、经济的蓬勃发展作出了重要贡献。

长阳县水力资源沿着清江南北两岸支流呈羽状排列，汇入该河的支流共428条，其中一级支流共31条，承雨面积在100km^{2}以上的支流9条，河道总长357.1km。全县总理论蕴藏量178.5万kW，技术开发总量为159.9万kW，经济可开发总量为142万kW。截至2015年年底，全县建成投产水电站共79座，装机总容量达到135.43万kW，年平均发电34.26亿kWh。

长阳县“十二五”期间水电新农村电气化县建设主要新建6座水电站，技改1座水电站，其中建成具有调蓄能力的水电站2座，长丰水电枢纽工程（2×5000kW）总库容397万m³，许家坪水电枢纽工程（5000kW+3200kW）总库容219万m³。“十二五”期间新增装机容量24310kW，新增发电量6807万kWh。

“十二五”期间共完成农村水电增效扩容改造水电站6座，包括蒋家湾、魏家洲、红耀、东流溪三级、竹园坪、洞沟水电站。水电站装机由15550kW增容至24060kW，发电能力由5796.46万kWh提升至8609.4万kWh。

“十三五”期间实施农村小水电扶贫项目。农村小水电扶贫工程项目是以对贫困农民建档立卡和帮扶贫困村为目标的社会公益性工程。计划期间实施小水电扶贫项目为沙湾水电站扩容改造项目，沙湾水电站原装机容量为3000kW，年发电量900万kWh，本次扩容改造提升一台2000kW机组，装机容量达到5000kW（1000+2×2000kW），年发电量1511万kWh。

“十三五”期间增效扩容改造水电站14座，改造前总装机28290kW，年平均发电量8096.05万kWh，改造后总装机35870kW，总发电量增至10854.3万kWh。随着长阳县农村水电增效扩容改造、小水电扶贫等项目的实施，到“十三五”期末，全县水电总装机达到266.758万kW。

第四节　增效扩容改造的基本要求

老旧水电站经过多年运行，有下列情况之一的，应进行技术改造：①存在安全隐患；②上、下游水情发生较大变化；③技术状况差、设备性能落后；④严重影响生态环境；⑤地质条件变化较大；⑥水能资源设计和利用不合理，设备制造、施工和现场安装质量差；⑦可以提升效益或其他需要改造的情况。

在具体确定水电站的改造内容时，应首先组织专家对水电站进行现场初步调查，当初步调查结论为需要改造时，再委托有资质的中介机构、设计院进行可行性论证或初步设计，经过技术经济对比确定水电站改造内容，对涉及水电站安全的问题应优先处理。水电站在增效扩容改造的同时，也可达到提升机组设备可靠性和可用性、延长使用寿命、提升水电站安全性、减少运行和维护成本的目的。

农村水电站进行增效扩容改造的目的是提升发电量、提升能效和提升农村水电站的安全稳定性。要全面论证水电站的增效扩容改造方案，保障改造获得最大的经济、社会和环境效益。充分利用原有设备设施，积极采取成熟的新技术、新工艺、新材料，通过提升水量利用率、提升运行水头、水轮机增效扩容、发电机增效扩容、机电设备更新改造等方式，使水电站改造后的能效有显著提升。

第二章 工程样例综述

第一节 工程特性

通过充分研究谷坪水电站工程特性，搜集整理了水文、水利枢纽水库、工程效益指标、主要建筑物、主要机电设备、主题工程数量经济指标等数据，并进行了对比分析。具体见表 2-1。

表 2-1 谷坪水电站增效扩容改造工程特性

序号及名称	单位	数量		备注
		改造前	改造后	
一、水文				
流域面积	km^2	14430	14430	同主水利枢纽工程
水文参证站 利用的水文系列年限	年	57	57	
多年平均年径流总量	亿 m^3	123	123	
多年平均流量	m^3/s	390	390	
二、水利枢纽水库				采取吴淞高程系
（1）水库				
正常蓄水位	m	200	200	
校核洪水位	m	204.54	204.54	
设计洪水位	m	203.14	203.14	
死水位	m	160	160	
总库容	亿 m^3	33.4	33.4	

续表

序号及名称	单位	数量		备　注
		改造前	改造后	
调节库容	亿 m^3	19.41	19.41	
死库容	亿 m^3	10.77	10.77	
（2）挡水建筑物体				
坝型		上重下拱三圆心斜封拱重力拱坝	上重下拱三圆心斜封拱重力拱坝	
地震基本烈度		Ⅵ	Ⅵ	
坝顶高程	m	206	206	
最大坝高	m	151	151	
坝顶长度	m	653.5	653.5	
三、工程效益指标				
总装机容量	kW	10000	10000	
设计年发电量	万 kW·h	2355	2853	
多年平均发电量	万 kW·h	2355	2853	
年利用小时数	h	2355	2853	
增效潜力	%		21.15	
四、主要建筑物				
1. 引水建筑物	m			
引用流量	m^3/s	13.4	11.5	
（1）进水口				
进水口底板高程	m	152.0	152.0	
拦污栅孔口	扇 - m	1 ～ 4.8×3.5	1 ～ 4.8×3.5	
事故闸门孔口	扇 - m	1 ～ 2×2	1 ～ 2×2	
卷扬机 PQ25T	台	1	1	
（2）引水管				
条数	条	1	1	2 条支管
直径	m	2/1.25	2/1.25	主 / 支管

续表

序号及名称	单位	数量		备　注
		改造前	改造后	
管长	m	230.53	230.53	
明敷钢管长	m	70.16	70.16	
坝内引水管长	m	40	40	
隧洞内钢管长	m	99.88	99.88	
引水管最大流速	m/s	4.27	3.66	
2. 厂房				
型式		地下式	地下式	
地基特征		寒武系下统石牌页岩	寒武系下统石牌页岩	
主厂房平面尺寸				
（长 × 宽）	m×m	67.7×13.8	67.7×13.8	
水轮机安装高程	m	76.5	76.5	
尾水管底板高程	m	71.0	71.0	
尾水闸门孔口	扇 - m	2 ～ 2.5×2.75	2 ～ 2.5×2.75	
出口最大流速	m/s	0.97	0.84	
3. 尾水渠				
原导流隧洞尾水渠段长	m	74.5	74.5	
洞内最大流速	m/s	0.18	0.16	
尾水涵管长	m	120.60	120.60	
涵管内最大流速	m/s	2.0	1.73	
涵管断面	m^2	3.3×4.0	3.3×4.0	双孔高 × 宽
最低尾水位	m	78.00	78.00	
4. 开关站				
型式		户外开关站	户外开关站	
地基特性		寒武系下统石牌页岩	寒武系下统石牌页岩	

续表

序号及名称	单 位	数 量		备 注
		改造前	改造后	
地表高程	m	96.0	96.0	
建筑面积	m^2	90.0	90.0	
五、主要机电设备				
1. 水轮机台数	台	2	2	
最大水头	m	121.5	121.5	
设计水头	m	90	101	
最低水头	m	72	72	
型号		HLA153-WJ-84	HLA855-WJ-90	整体更换
出力	kW	5208	5208	
额定转速	r/min	750	750	
安装高程	m	76.5	76.5	
2. 发电机台数	台	2	2	
型号		SFW5000-8/2150	SFW5000-8/2150	整体更换
容量	kW	5000	5000	
额定转速	r/min	750	750	
3. 进水阀	台	重锤式蝴蝶阀	重锤式蝴蝶阀	外壁防腐处理
4. 调速器系统	台		GYT-1800-16	整体更换
5. 厂房内起重机		15/3	15/3	
6. 主变压器		SF7-16000/35	SF11-16000/35	更换
7. 输电线路				
输电目的地		变电站	变电站	
输电距离	km	2.3	2.3	
回路数	回	1	1	
电压	kV	35	35	

续表

序号及名称	单位	数量		备注
		改造前	改造后	
六、主体工程数量				
1. 厂房				
主厂房楼面 / 墙面 / 顶棚处理	m^2		437/1553/607	
副厂房楼面 / 墙面 / 顶棚处理	m^2		605/1260/310	
交通运输洞楼面 / 墙面处理	m^2		80/252	
2. 施工期限				
总工期	月		7	
七、经济指标				
综合利用经济指标				装机经济指标
装机容量	kW	10000	10000	
年平均发电量	万 kW·h	2355	2853	
年利用小时数	h	2355	2853	
单位电度投资	元 /kWh		1.178	
财务内部收益率	%		13.67	全部投资

第二节　工程概述

一、概况

谷坪水电站系主水利枢纽的保安自备水电站，水电站装机 2×5MW，分布在主水利枢纽左岸，利用水利枢纽施工导流隧洞改建成引水式地下厂房。

谷坪水电站安装 2 台 5MW 卧式水轮发电机组，总装机容量 10MW，最大引水流量为 13.4m^3/s，原设计年发电量为 3000 万 kWh，利用小时数为 3000h。水电站于 1994 年 12 月投产发电。依据《财政部、水利部关于继续实施农村水电增效扩容改造的通知》（财建〔2016〕27 号）有关要求，2000 年之前投产的农村水电站可以申报实施增效扩容改造。从机组投运时间来看，谷坪水电站机组满足增效扩容改造的基本条件。谷坪水电站建设至今创造了巨大的经济效益和社会效益，为水利枢纽工程安全运行提供了可靠的电源保障，但随着水利枢纽水库运行方式变化等因素，水电站也存在诸多问题。

1. 设计依据

（1）《防洪标准》（GB 50201-2014）

（2）《小型水电站技术改造规范》（GB/T 50700-2011）

（3）《小型水电站初步设计报告编制规程》（SL/T 179-2019）

（4）《水利水电工程等级划分及洪水标准》（SL 252-2000）

（5）《浆砌石坝设计规范》（SL 25-2006）

（6）《水电站厂房设计规范》（SL 266-2014）

（7）《水电站压力钢管设计规范》（SL/281-2017）

（8）《水电站进水口设计规范》（DL/T 5398-2007）

（9）《水利水电工程施工组织设计规范》（SL 303-2017）

（10）《小型水电站增效扩容改造技术规程》（NB/T 10477-2020）

（11）《水利水电工程水文计算规范》（SL/T 278-2020）

（12）《水利水电工程设计洪水计算规范》（SL 44-2006）

（13）《中华人民共和国可再生能源法》

（14）《中共中央国务院关于加快水利改革发展的决定》（中发〔2011〕1 号）

（15）《财政部 水利部关于继续实施农村水电增效扩容改造的通知》（财建〔2016〕27 号）

（16）《水利部关于印发〈农村水电增效扩容改河流生态修复指导意见〉的通知》（水电〔2016〕60 号）

（17）《湖北省农村水电增效扩容改造试点项目初步设计报告编制指导意见》（水利部水电〔2011〕437号）

（18）《农村水电增效扩容改造项目机电设备选用指导意见》（水利部水电〔2011〕438号）

2. 水电站存在的问题

主、副厂房墙面、地表年久失修。压力钢管经过多年运行，钢管一直未能进行彻底合理的防腐处理，锈蚀程度较为严重，影响水电站的安全运行。水电站安全标识系统不全。

随着上游水电站的建成与发电，水库水位基本在较高位运行，上游的水利枢纽较大地改变了水库的运行方式，造成水轮机实际工作和运行的区间与最优工作区域相比有严重的偏离，振动较大、汽蚀严重、运行效率降低，断裂和裂纹情况出现在叶片上；对导水机构造成严重磨损，转轮室基准面经过多次修复后已失去。

2008年前为追求经济效益，水电站长期超负荷运行，同时年运行时间超过8000h，发电机绝缘所设计采取B级，绝缘老化，机组停机时间若达到24h，绝缘指标将不合格，导致无法正常开机。所以谷坪水电站在运行管理中机组无法正常停机备用，只能空载备用。据谷坪水电站管理单位的统计数据表明，谷坪水电站机组每年空载运行时间达到2000h，空载运行水能利用效率降低，造成大量的浪费。

机组调速器系统为20世纪90年代的产品，元件老化、机械设备陈旧，系统控制精度不高，漏油跑油情况严重。

谷坪水电站技术供水系统设备设施老化严重，滤水设备使用的是固定式滤水设备，其阀门启闭困难，过滤效果较低且严重锈蚀。渗漏排水泵能耗大、效率经多年使用已十分低下。清江汛期时节，渗漏排水泵功率不足，排水量不够，严重影响谷坪水电站安全可靠性。

谷坪水电站主变型号为SF7-16000/35kV，历经20余年的运行，绝缘老化，运行损耗大，可靠性减少，属淘汰产品。电缆绝缘老化严重，近年短路事故频发，维护工作量大。厂用变压器、高压开关柜等配套机电设备以及全厂照明系统均老化严重，严重影响水电站安全运行和经济效益，急需改造更换。

计算机监控系统元件老化，故障率高。渗漏排水控制系统及空压机控制系统元件老化，故障率高。励磁系统设备老化，励磁变损耗大。机组自动化元件故障率高、稳定性差。

闸门及拦污栅已严重锈蚀，闸门及拦污栅结构局部变形。尾水启闭机操作平台局部破损，部分按钮脱落，仪表指示部分失灵。

3. 改造措施

（1）水工。

对主、副厂房，进厂交通隧洞墙面，地表，顶棚进行整体装修改造；在办公楼三楼新设集控中心、计算机室及 UPS 室，并对其墙面、地表、门、窗进行整体改造。

对压力明钢管（桩号 110+156m 以前为外露的明钢管）及厂内明钢管进行整体防腐处理。

完善水电站安全标识系统。

（2）水机部分。

对调速器系统及水轮发电机组进行整体更换。

渗漏排水系统、技术供水系统均保留已埋设的设备附件及其管道，渗漏排水系统提升一台备用水泵并更换原有排水泵等；技术供水设备设施更换所涉及的阀门及原有滤水设备等。

（3）电气部分。

更换主变，选用节能型产品，型号为 SF11-16000/35，容量为 16000kVA。更换 2 台厂变，选用节能型产品，型号为 SC11-250/6.3，容量为 250kVA。更换 2 面 35kV 高压开关柜、12 面 6.3kV 高压开关柜、8 面机旁 6.3kV 高压柜及柜内相应的保护设备。更换整理全厂中低压电力电缆及控制保护电缆（不含 35kV 高压电缆）、桥架、电缆桥架感温电缆。

按集中控制要求，对谷坪计算机监控系统按“无人值班（少人值守）”

的要求进行改造。更换 1 面渗漏排水 PLC 屏及 1 面空压机 PLC 屏。更换 2 套发电机励磁设备。更换 2 台机组自动化元件。更新全厂照明系统。

进水口检修闸门及拦污栅进行安全检测和修复防腐。整体更换尾水启闭机操作控制系统。

（4）改造成果。

通过对厂房水工建筑的维护、修缮，改善地下厂房环境，提升水电站运行环境。通过对机电设备的更新改造，提升机电设备运行稳定性和可靠性，为主水利枢纽提供可靠的安保电源。

改造后，水轮机额定效率不低于 91.6%，发电机额定效率不低于 96%，额定工况下机组综合效率达到了 87.94%，满足《农村水电增效扩容改造项目机电设备选用指导意见》（水利部水电〔2011〕438 号）中的要求。

改造后机组综合效率比原机组提升约 15.04%，可提升发电量 354 万 kWh；改造后，谷坪机组能够正常停机备用，可不再浪费现有谷坪机组枯水期空载备用运行水量，这部分节省的枯水期水量（即改造前机组空载备用运行损耗的枯水期水量）年平均可提升发电量约 144 万 kWh。改造后，年发电量为 2853 万 kWh，与近 8 年来谷坪年平均发电量 2355 万 kWh 相比提升了 498 万 kWh，增效潜力为近 8 年来谷坪年平均发电量 2355 万 kWh 的 21.15%。

当水利枢纽水电站因为检修、电网调度等原因停机，下游水位出现极低的特殊情况时，谷坪和其他水电站可继续泄流发电，作为水利枢纽工程的生态下泄流量，提升下游生态供水保障率。

二、地区电力系统现状

110kV 变电站 7 座，分别为：津洋口变电站、高家堰变电站、桃山变电站、花坪变电站、红耀变电站（用户）、贺家坪变电站（市公司）、盖屋岭变电站（市公司），合计变电容量为 222.1MVA（长阳县公司管辖四座容量 144.5MVA）；35kV 变电站 9 座，分别为：华新变电站、榔坪变电站、磨市变电站、鸭子口变电站、庄溪变电站、贺家坪变电站、乐园变电站、大堰变电站、火烧坪变电站，合计变电容量为43.3MVA；10kV配变1501台，配变容量137.57MVA；110kV输电线路10条，分别为长津线、郭花线、津花线、津高线、津桃线、桃红线（用户）、津盖线（市公司）、雁贺线（市公司）、红水线（用户）、长水线（用户），总长270.56km；35kV输电线路12条，分别为：津庄线、高津线、高陈线、高五线、庄鸭线、津白线、金磨线、桃榔线、桃四线、麻四线、蒋榔线、水泥线，总长196.04km；10kV线路总长1874.06km。

三、负荷预测

依据县发展计划局的《长阳县“十二五”发展规划》及县招商局招商引资情况，负荷发展规划详见表2-2。

表2-2　负荷发展规划

地　名	工程项目	负荷容量 /kW	合计 /kW
华新	水泥厂	45000	65000
	工业园	20000	
磨市	电石厂	20000	20000
高家堰	电解锰厂	35000	35000
榔坪	电气化铁路	10000	20000
	无公害农产品加工园	10000	
贺家坪	电气化铁路	10000	20000
	无公害农产品加工园	10000	
火烧坪	无公害农产品加工园	10000	10000
其他变区	居民用电	20000	20000
			190000

从长阳县用电负荷需求来看，到2015年，长阳县规划电力负荷总量可

达 21 万 kW。当时长阳县装机容量只有 13 万 kW，缺电 8 万 kW，无法满足市场需求。

“十二五”期间，计划水电装机容量达 15 万 kW，新增装机容量 2 万 kW，新增输电容量 3 万 kW，实现年平均发电量 6 亿 kWh，实现户均用电量 1000kWh，人均生活用电量 300kWh，全县 10% 的农户实现以电代燃料，全水电行业实现销售收入 2 亿元，实现利税 0.6 亿元。

1. 水文

谷坪水电站从水利枢纽水库引水，改造后设计引用流量 11.5m³/s，较原设计引用流量有明显减少。水利枢纽水库水量充分，能够满足谷坪水电站的引水要求。

依据《谷坪水电站 2×5000kW 可行性研究报告》，谷坪水电站设计、校核洪水采取水利枢纽工程同样标准，分别为 0.1% 和 0.01%，相应下泄流量为 21000m³/s 和 23600m³/s。

2. 地质

谷坪水电站位于主水利枢纽左岸，利用已建成的水利枢纽施工导流洞，改建成引水式地下厂房，水电站装机 2×5MW，于 1994 年 12 月建成投入运行发电。本次增效改造只涉及机电设备部分，土建部分没有大的变动。

工程区位于长江中下游 EW 向构造带上。区内主要为褶皱构造，“隔挡式”褶皱组合形态是典型样式，即向斜平缓开阔，背斜紧闭。区域内近期新构造运动主要表现为大面积整体间歇性隆起，差异性运动不明显，没有活动性断裂发育。

工程区主要出露地层岩性有第四系残坡积层、冲洪积层及人工堆积层，寒武系石龙洞组灰岩和石牌组页岩，无大的区域性断裂构造通过，但次级断裂和层间剪切带发育，沿灰岩中的结构面溶蚀较普遍，部分形成了岩溶通道。

四、工程任务和规模

1. 工程建设的必要性

（1）淘汰老化设备，采取先进制造技术的设备以达到节能增效的目标。

随着上游水电站的投产，主水利枢纽水库的管理模式发生了一系列变化，水库水位维持在较高水位，导致了谷坪水电站水轮发电机组长期运行在非高效率工况区域，效率下降，运行振动大，出现扫镗情况，转轮气蚀严重，甚至发生叶片断裂，导水机构磨损严重，多次维修后，转轮室基准面已失去。发电机绝缘设计为 B 级，2008 年前为追求经济效益，长期超负荷运行，单机最高达 6000kW，同时年运行时间超 8000h 机组绝缘老化，所以机组无法正常停机备用，只能空载运行备用，已构成大量水能资源的浪费。为此应更换能量技术成熟、标准先进、空化性能优秀的新型转轮，以便改善水轮发电机组运行工况，提升水轮发电机组效率，延长检修周期，减少检修成本，以达到节能增效的目标。

（2）解决水电站现存问题，提升水电站的可靠性和安全性。

谷坪水电站自投产运行时间较长，至今已有 20 多年，机电设备效率低下，老化严重，需要对机电设备进行更新改造，以此提升水电站运行的可靠性和安全性，为主水利枢纽提供可靠的备用电源。

（3）提升安保电源水电站稳定性，是主水利枢纽安全运行的需要。

谷坪水电站作为主水利枢纽必要的安保电源，是主水利枢纽安全可靠运行的必要保障，具有重要的意义。

（4）上游运行水位提升，合理发挥水能资源更大的发电效益。

随着上游梯级水电站水库已经投产运行，大幅提升了清江流域各梯级联合防洪能力，提升了径流调节性能，所以，主水利枢纽近年来水库平均运行水位提升了约 10m。在谷坪水电站装机容量不提升的条件下，水头有所提升，获得同样电量效益时，引用流量可以相应减少，有益于水能资源发挥更大的效益。

（5）增效扩容是地方电网调峰及为地方经济服务的需要。

谷坪水电站除了为主水利枢纽提供必要的安保电源外，还通过变电站接入长阳县地方电网，是地方电网的优良的调频调峰电源点。目前，机电设备老化严重，运行稳定性问题日益突出，对水电站安全运行造成了很大的威胁，也影响了地方电网的调峰能力。所以谷坪水电站增效改造对改善长阳县能源结构，提升调峰容量，促进节能减排、发展低碳经济、促进和拉动地区经济平稳较快增长具有重要的意义。

综上所述，为保障水电站的安全运行，采取新材料、新技术的设备以降耗增效，淘汰老化机电设备，充分利用清江流域的水能资源，为地方电网提供稳定的调峰容量，对谷坪水电站进行增效改造是十分必要的。

2. 装机容量选择

谷坪水电站建设规模的选择要求是：在防汛紧急情况下，水电站能够担任整个水力枢纽不间断用电以及厂区生产及生活用电的要求。

由于水利枢纽的生产生活用电负荷没有大幅度变动，谷坪水电站原设计装机容量对负荷需求留有较大余度，不必要提升机组装机容量。所以，推荐维持原装机容量，即谷坪水电站装机容量为 10MW（2×5MW）。

3. 额定水头选择

依据清江流域梯级水库控制运行总体管埋方式：主水利枢纽水电站持续维持高水位发电运行，维持较高水头发电，汛期来临时，适当减少库水位运行。汛前及汛期有可能发生弃水时，要及时加大出力减少水位；水利枢纽水电站的下游水电站水库是日调节水库，当没有泄洪风险时适宜维持较高运行水位（79 ~ 79.5m），减少水耗，提升机组稳定性，提升发电效益。在汛期适当减少库水位运行（78.5 ~ 79m），减少弃水风险。

依据近 8 年来水电站运行水位统计，上游平均运行水位为 192.96m，运行在 190m 以上的天数保障率为 86.3%，下游平均水位为 79.3m，运行在 79.8m 以下的天数保障率为 86.0%。考虑约 9.2m 的水头损失，故谷坪水电站的额定水头取 101m。

4. 河流生态修复

（1）河流减脱水现状。

经调查，水利枢纽主水电站和谷坪水电站为坝后式，清江流域主河道水利枢纽水电站和下游水电站已设流域联合调度；谷坪水电站本身作为主水利枢纽保安电源，兼有生态供水作用，水利枢纽下游不形成流域内减脱水河段。

（2）河流水量生态调度。

在河流水量调度上，加强部门合作，在保障防洪安全的前提下，坚持以水利枢纽保安电源功能为主，区域、流域相统筹，上下游、左右岸相协调，先生活后生产再生态，电调服从水调的要求，落实流域调度方案，让有限水量发挥最大效益。

（3）电力梯级联合调度。

为科学合理地实施流域梯级水电站联合调度，要求水利枢纽水电站按照统一调度、统一标准、统一规划的方式，采取流域现代化的水情自动监测告警系统、水电站水库调度通信自动化系统等，建设一个服务于水利枢纽统一调度管理多个部门和专业的信息化综合管理平台，极大限度地实现信息的实施监测，提升流域梯级水电站统筹调度管理水平。

谷坪水电站作为主水利枢纽保安电源，其电力调度统一纳入流域梯级水电站联合调度。

（4）生态流量泄放。

当水利枢纽水电站因为检修、电网调度等原因停机，下游水位出现极低的特殊情况时，谷坪可继续泄流发电，作为水利枢纽工程的生态下泄流量，提升下游生态供水保障率。

五、工程分布及建筑物

1. 工程等级及主要建筑物级别

谷坪水电站是为主水利枢纽工程服务的小型水电工程，是确保主水利枢纽运行安全的重要供电电源之一，为此本水电站的设计等级采取与水利枢纽水电站相同的设计等级，为 I 等工程，即防洪标准为 I 等工程。

谷坪水电站输水管道，水电站地下厂房等建筑物级别为 2 级，结构设计及有关附属建筑的稳定等按 2 级建筑物标准设计。其他次要建筑物级别为 3 级。输水建筑物、厂房的设计洪水标准为 1000 年一遇，校核洪水标准为 10000 年一遇。

2. 地震设防烈度

依据《中国地震动参数区划图》（GB 18306−2015），谷坪水电站所属区域地震动反应谱特征周期是 0.35s，地震动峰值加速度是 0.05*g*，相当于地震基本烈度Ⅵ度。

确定本工程地震设防烈度为Ⅵ度。

3. 水电站厂房建筑物

本次只对厂内水轮发电机组及其相应电气设备进行改造，原厂内机组分布格局不变。

（1）对主、副厂房，进厂交通隧洞墙面，地表，顶棚进行整体装修改造；在办公楼三楼新设集控中心、计算机室及 UPS 室，并对其墙面、地表、门、窗进行整体改造。

（2）对压力明钢管（桩号 110+156m 以前为外露的明钢管）及厂内明钢管进行整体防腐处理。

（3）完善水电站安全标识系统。

六、机电及金属结构

1. 水力机械

本次改造谷坪水电站装机容量不变，水轮、发电机整体更换，水电站设计的额定水头提升至 101m，本次改造中选用的转轮部件材质为不锈钢材质。水轮机各主要参数见表 2-3，招标过程中可通过机组生产厂家获取新机型资料进行详细对比。

表 2-3 水轮发电机机型主要参数

发电机	型 号	SFW5000-8/2150
	发电机额定容量	5MW
	发电机额定转速	750r/min
	发电机飞逸转速	1580.8r/min
	发电机功率因数	0.8
	发电机额定效率	≥ 96.0%
	发电机额定电压	6.3kV
	发电机额定电流	572.78A
	发电机旋转方向	从发电极端看顺时针
	发电机绝缘等级	F 级设计，B 级考核
	发电机冷却方式	密闭自循环空气冷却器冷却
	发电机 GD2	$10t \cdot m^2$
水轮机	型 号	HLA855-WJ-90
	水轮机转轮直径	0.9m
	水轮机额定转速	750r/min
	水轮机飞逸转速	1580.8r/min
	水轮机吸出高度	+1.5m
	水轮机安装高程	76.5m
	水轮机额定水头	101m
	水轮机额定流量	$5.74m^3/s$
	水轮机额定效率	91.6%
	水轮机额定出力	5.208MW

2. 电气工程

本站装机容量为 10MW（2×5MW），目前水电站采取一回 35kV 出线，与宜昌供电公司变电站系统连接。

3. 电气改造主要内容

（1）更换主变，选用节能型产品，型号为 SF11-16000/35，容量为

16000kVA。

（2）更换两台厂变，选用节能型产品，型号为 SC11-250/6.3，容量为 250kVA。

（3）更换两面 35kV 高压开关柜，12 面 6.3kV 高压开关柜，8 面机旁 6.3kV 高压柜。

（4）更换整理全厂中低压电力电缆及控制保护电缆（不含 35kV 高压电缆）、桥架、电缆桥架感温电缆。

（5）按集中控制要求，对谷坪计算机监控系统，按“无人值班（少人值守）”的要求进行改造。

（6）更换两套发电机励磁设备。

（7）更换两台机组自动化元件。

（8）更新全厂照明系统。

（9）更换 1 面渗漏排水 PLC 屏及 1 面空压机 PLC 屏。

4. 金属结构

谷坪水电站增效改造工程所涉及的金属结构主要包括：尾水闸门启闭机、水电站进水口闸门及拦污栅等。

金结改造内容：对进水口闸门及拦污栅进行检测并重新进行防腐处理；更换尾水闸门液压启闭机操作控制系统。

5. 采暖通风

水电站现有的采暖通风设备运行良好，本次改造维持现有采暖通风方式不变，不进行设备更新。

七、消防系统

1. 设计要求

消防系统的设计始终贯彻“预防为主，防消结合”的主题方针。考虑各设备、建筑物在规划、分布上的防火间距、事故排油、安全疏散以及化学灭火等各方面要求，并按火灾的耐火等级、危险性类别等进行设计。

通过设置消防设施及其他消防设计，保障一旦火灾发生时，可以迅速扑灭或限制火灾扩散范围，将财产损失和人员伤亡减少到最低。

对于可能发生火灾的地点和场所，在建筑物和设备分布、建筑物内装修、电缆设计、安装等方面应当采取合理的预防措施，以减少火灾的发生可能性。

2. 消防总体设计

消防设计采取“以水灭火为主，化学灭火或其他灭火为辅”的消防总体方案。依据建筑物和设备分布的具体情况，确定其消防总体设计方案如下：

建筑物、构筑物的火灾危险类别和耐火等级划分、防火间距、消防设施等均应符合相关规程规范要求。

消防区内按规范要求统一规划畅通的安全通道和设置安全出口及其标志；水电站枢纽设置消防通道，消防车应能到达厂房安装间。

尽可能采取阻燃、难燃性材料为绝缘介质的电气设备，以防止和减少火灾的发生；动力电缆和控制电缆分层排列敷设；在电缆的一定部位设防火分隔设施；电缆穿墙、楼板等孔洞采取非燃烧材料封堵。

主副厂房设置消火栓系统。

水轮发电机组与主变压器按规范可不设置固定式水喷雾灭火系统。

依据各主要生产场所的生产重要性和火灾危险程度，按《建筑灭火器配置设计规范》（GB 50140-2005）配置灭火器。

水电站设有机械排风兼排烟设施。

水电站按“无人值班（少人值守）”的要求设计。

本次改造仅更新灭火器，保留原消防管路及消火栓。

八、施工

1. 地理位置及交通条件

谷坪水电站位于湖北省宜昌市长阳县土家族自治县境内，长阳县土家族自治县位于鄂西南山区、长江—清江中下游，东邻宜都，南交五峰土家族自治县，西毗恩施土家族苗族自治州的巴东县，北接秭归县和宜昌市。距长阳县城 9km，距宜昌 50km。

目前公路已通至谷坪水电站，施工对外交通方便。

2. 施工导流

谷坪水电站增效改造工程主要是厂房水轮机、电气设备更换和厂房墙面、地表处理。改造工程不受下游河道洪水影响。依据总体分布情况，不需要设置围堰，只需要将进口闸门及尾水闸门关闭即可进行施工，所以不需要填筑围堰。

3. 主要工程量

水电站主要工程量见表 2-4。

表 2-4　主要工程量

序号	名称及项目	单位	数量	备注
一、厂房				
1	C20 混凝土凿除	m^3	39	
2	C20 混凝土浇筑	m^3	39	
3	厂房楼面 / 墙面 / 顶棚处理	m^2	437/1553/607	
4	副厂房楼面 / 墙面 / 顶棚处理	m^2	605/1260/310	
5	交通运输洞楼面 / 墙面处理	m^2	80/252	
6	地下厂房安全标识系统	套	1	
二、压力钢管				
1	外壁防腐处理	m^2	942	
三、水轮机及其附属设备				
1	水轮机（HLA855-WJ-90，H_r=101m Q=5.74m^3/s, N_r=5208kW, n=750r/min）	台	2	

续表

序号	名称及项目	单位	数量	备注
2	发电机（SFW5000-8/2150，N=5000kW U=6.3kV）	台	2	
3	调速器系统（GYT-1800-16）	台	2	整体更新
4	进水阀	台	2	外壁防腐
5	自动化元件	套	2	
6	备品备件	套	1	
四、电力变压器				
1	主变压器（SF11—16000/35 38.5±2×2.5%/6.3kV）	台	1	YN,d11 更新
2	厂用变压器（SC11-250/6.3）	台	2	更新
五、发电机电压配电设备				
1	35kV 高压开关柜（KYN61-40.5）	面	2	更新
2	6.3kV 高压开关柜（KYN28A-12）	面	12	更新
3	6.3kV 机旁高压柜（×GN-10）	面	8	更新
六、电缆				
1	6kV 电力电缆及附件 ZR-YJV22-3×240（6/10kV）	km	2.5	更新
2	6kV 电力电缆及附件 ZR-YJV22-3×150（6/10kV）	km	0.3	更新
3	6kV 电力电缆及附件 ZR-YJV22-3×120（6/10kV）	km	1.5	更新
4	6kV 电力电缆及附件 ZR-YJV22-3×50（6/10kV）	km	0.1	更新

续表

序号	名称及项目	单位	数量	备注
5	0.4kV 电力电缆 ZR-YJV22-3×25+1×16（0.6/1kV）（以平均截面计）	km	3	更新
七、二次电缆及附件				
1	二次电缆	km	10	
2	二次盘柜埋件	套	1	
3	备品备件及专用工具	套	1	
八、桥架				
1	电缆桥架	t	20	供全厂电缆敷设用
九、照明设备				
1	工作照明箱	只	5	更新
2	事故照明箱	只	2	更新
3	照明灯具、开关插座及电线	项	1	更新

4. 主体项目施工

主体项目施工主要包括厂房墙面地表处理、压力钢管防腐处理、水轮机组安装、电气及辅助设备安装。

（1）压力钢管防腐处理。

对于小面积的锈蚀部位可用角磨机抛光除锈，大面积的锈蚀部位必须喷砂除锈，涂装按设计要求除锈后涂刷。涂装采取高压无气喷涂。

（2）水轮机安装处理。

施工顺序为：水轮机拆除 → 水轮机安装 → 混凝土浇筑。

1）水轮机拆除。

从上至下分段拆除，先用气割或气刨枪分割，然后用桥机分别吊出，用 10t 载重汽车运至堆放场。待全部水轮机拆除完成后，清理施工现场。

2）水轮机安装。

将水轮机运至厂房后组装，用桥机整体吊装，蜗壳等埋件以及电气辅助设备依据设计图或说明书进行埋设、安装。

3）混凝土浇筑。

混凝土浇筑前进行接合面的处理，首先人工将老混凝土接合处全部凿除，混凝土表面应显露石子，然后分布砂浆锚杆，锚杆呈梅花形分布，最后浇筑新混凝土。

混凝土拌和机现场进行拌制，手推车或翻斗车等进行运输。混凝土浇筑完毕后，应在12h以内加以覆盖，并浇水养护。

（3）电气及辅助设备安装。

有关水轮发电机组的电气设备、辅助机械等安装，将依据水轮发电机组的安装进度同步穿插进行。

5. 施工总进度

依据本工程枢纽分布特点、结构形式及施工条件，结合各单项工程的施工方法和施工进度研究后，筹建期为9个月，从第1年1月至9月，主要进行机组及电气设备的招标、制作。为了不影响汛期供电，施工安排在枯水期进行。

开工日期定为第1年10月初，第2年4月底完工，总工期7个月。其中工程准备期1个月，主体工程工期5个月，工程完建期1个月。

第1年10月，为工程准备期；主要完成水、电接入，临时房屋和施工工厂设施建设等。

第1年11月至第2年3月底，5个月为主体项目施工期。第1年11月、12月主要进行原机组进行拆除和主、副厂房墙面、地表整体处理。第2年1月至第2年3月底，进行机电设备改造安装和电气设备安装，期间对进水口检修闸门、事故工作闸门及拦污栅进行安全检测和对压力钢管进行整体防腐处理。至第2年3月底第一台机组具备发电条件。第2年4月底第二台机组发电，完建工期1个月。

九、水库淹没及工程永久占地

本工程为增效改造工程，水电站及水库无新增工程任务，水库已通过安全鉴定，所以，水库不存在新的水库淹没问题，亦不存在移民安置问题。

谷坪水电站改造主要是对机电设备更新并对厂房进行维修，经现场调查，项目施工均处于原水电站的管理占地范围内，不产生新增永久占地问题，所以，本次改造工程不存在新增的永久占地问题。亦不考虑施工临时占地问题。

十、环境保护

1. 工程建设产生的主要环境问题

谷坪水电站位于主水利枢纽左岸，由输水管道（包括进水口段，明敷钢管斜段，钢管隧洞段，水平段，岔管，1#、2# 支管），地下厂房（包括主厂房、副厂房、安装场），尾水渠（涵），进厂交通隧洞、地表开关站和对外交通公路等建筑物组成。谷坪水电站主要更新改造水轮发电机组，相关金属结构更新及电气设备改造，工程量较小，建设过程中可能产生的环境问题主要为：

（1）实施过程中产生的施工废水。施工废水来源主要是机械设备冲洗用水、砂石料冲洗用水等。施工废水中的主要环境污染物是固体颗粒悬浮物，若将施工废水直接排入河道，会对水质产生一定的影响，使水体的浑浊度变大。

（2）施工噪声。施工噪声主要来自于施工机械及汽车运输，由于施工主要部位集中在地下厂房内，对周围环境不会产生明显危害，仅对施工人员产生不利影响。

（3）废气污染。实施期产生的废气污染主要来自水轮机蜗壳基础混凝土拆除时产生的扬尘，对实施人员有一定影响。

（4）交通负荷。实施期间设备材料的运输将加重地方交通的负荷量。

2. 工程建设对环境影响的评价结论

谷坪增效改造的主要项目为水轮发电机组和电气设备，改造部分施工主要集中在地下厂房内，所以增效改造项目的实施对环境几乎没有影响。

第三章　工程设计

第一节　水文

一、径流

依据《谷坪水电站 2×5000kW 可行性研究报告》，谷坪水电站设计引用流量 13.4m³/s，本次增效改造后设计引用流量 11.5m³/s。由于水利枢纽水库水量充分，随时能满足谷坪水电站的供水。

清江流域地处北半球亚热带温暖湿润气候区，具有冬夏季风季节变化明显、四季分明、阳光充足、春暖多变、初夏多雨、秋季干旱、冬冷、山地气候特征。流域河谷复杂，地形多样，河谷区气候稳定，无霜期较长，山区降水量大，热量很小，雪霜期长，水文气象要素呈明显的垂直式分布，形成一种特定的气候环境。

气象资料采取长阳县气象站记载的相关信息。长阳县气象站是 1956 年由湖北省气象局设立，处于海拔 143.6m。1957 年开始测量地表气象要素，包括气温、能见度、湿度、风速、降水、不同深度的地温、风向、日照、云况、气压及蒸发量等。长阳县气象站是湖北省境内设立的国家基本气象站之一，由湖北省气象局对实测资料进行整编刊印，精度高度可靠，可作为近区的重要参考依据。经查阅相关资料，谷坪水电站所处区域多年来平均气温 16.4℃，月平均气温以 7 月最高，达 27.6℃，以 1 月最低，达 4.6℃。极端最高气温出现在 1966 年 8 月 6 日，达 41.7℃；极端最低气温出现在 1977 年 1 月 31 日，达 -12.0℃。年平均日照时数达 1625h。多年平均相对湿度达

80%，绝对湿度达 16.3g/m³。多年平均风速达 1.5m/s，盛行风是偏东风。历年最大风速达 16m/s，出现在 1975 年 7 月 22 日，风向为东南风。霜期普遍出现在 11 月至 2019 年 3 月间，年平均无霜期 282 天。

可依据工程经验推算水电站厂址的气象特征值，详见表 3-1。

表 3-1 谷坪水电站相关气象特征值

序号	项目	数值	备注
1	年平均气温	16.4℃	
2	极端最高气温	41.7℃	1966 年 8 月 6 日
3	极端最低气温	-12.0℃	1977 年 1 月 31 日
4	最高月平均气温	27.6℃	7 月
5	最低月平均气温	4.6℃	1 月
6	年平均风速	1.5m/s	
7	最大风速	16m/s	
8	盛行风向	东风	
9	年平均绝对湿度	16.3g/m³	
10	年平均相对湿度	80%	
11	年平均日照时数	1625h	
12	年平均无霜期	282d	

二、洪水

依据《谷坪水电站 2×5000kW 可行性研究报告》，谷坪水电站设计、校核洪水采取水利枢纽工程同样标准，分别为 0.1% 和 0.01%，相应下泄流量为 21000m³/s 和 23600m³/s。

流域内各处平均降雨量可从《宜昌市平均降水量等值线图》上查算。

第二节　工程地质

一、概述

谷坪水电站位于主水利枢纽左岸，利用已建成的主水利枢纽施工导流洞，改建成引水式地下厂房，水电站装机 2×5MW，于 1994 年 12 月建成投入运行发电。

本次增效改造只涉及机电设备部分，土建部分没有大的变动，所以工程地质情况在获取原有的勘察资料的基础上只做普遍性的介绍和评价。主要原有勘察报告和文件有：《谷坪水电站 2×5000kW 可行性研究报告》《湖北水利枢纽工程保安自备水电站验收设计报告》《水利枢纽右岸供水系统水资源综合利用工程设计报告》。

二、区域地质概况

据区域地质资料，工程区位于长江中下游 EW 向构造带上。区内构造以褶皱为主，即向斜平缓开阔，背斜紧闭。区域近期新构造运动主要表现为大面积整体间歇性隆起，差异性运动不明显，没有活动性断裂发育。属典型的“隔挡式”褶皱组合形态。

区内主要出露地层岩性有第四系残坡积层、冲洪积层及人工堆积层，寒武系石龙洞组灰岩和石牌组页岩，无大的区域性断裂构造通过，但次级断裂和层间剪切带发育，沿灰岩中的结构面溶蚀较普遍，部分形成了岩溶通道。

据《中国地震动参数区划图》（GB 18306-2015），本区的地震动峰值加速度 0.05g，地震动反应谱特征周期为 0.35s，相应地震基本烈度为Ⅵ度。

三、工程地质条件评价

谷坪水电站建在原左岸施工导流隧洞内，桩号 0+505.3 m —0+573.00 m 之间，自进水口至地下厂房之间直线距离约 195m。

工程区内出露岩层为寒武系下统的石龙洞组灰岩与石牌组页岩，岩层走向北东 70° ~ 80°，与河流近乎正交，倾向上游，倾角 25° ~ 30°。页岩岩性较软弱，灰岩对比坚硬，但岩溶发育。

岩体中构造较发育，对工程有影响的主要断层为 F10，走向 355°，倾向南西，倾角 33° ~ 70°，带宽 0.3 ~ 0.4m，破碎带为角砾岩或糜棱角砾岩，大部分胶结较好，局部较低，并有泥化，但影响带铅直厚度达 36.4m。岩层中发育有几条较大剪切破碎带，主要是页岩中 201# 和灰岩中的 301#、302#，多为层间剪切带。其中 201# 发育在石牌页岩顶部与石龙洞灰岩接触面处，总厚 4 ~ 6m，页岩的剪切破坏最为严重，201# 与 F10 断层在导流洞桩号 0+560 附近交汇，对结构面有影响。301# 厚 0.7m，发育在石龙洞灰岩下段的疙瘩状泥灰岩和角砾状灰岩中，普遍由 2 ~ 3 个较连续的层间剪切泥化面组成，剪切破坏厚度约几米至几厘米不等。302# 发育在石龙洞灰岩中段顶部疙瘩状泥灰岩中，夹层厚 2m 左右，剪切面性状变化也较大，在宏观上尚未形成连续，但首尾相接，有泥膜，沿剪切面有普遍溶蚀，溶蚀厚度普遍 0.1 ~ 2.65m。

在衬砌区段裂隙发育，灰岩岩体受断层、裂隙等的交错影响，溶蚀情况对比严重，有的形成通道，有的常年流水。已查明，在左岸灰岩中较有影响的岩溶通道共有 4 条，编号为 Ⅰ、Ⅱ、Ⅸ、Ⅺ。除 Ⅱ 在大坝轴线附近与本工程无直接关系外，其他均对本工程有影响，Ⅸ 通道在导流洞桩号 0+401 处，洞左壁有 1m×2m 溶洞，并有小股流水，Ⅺ 通道在导流洞出口处，洞左壁有 1m×2m 溶洞，雨后有流水。Ⅰ 通道在导流洞附近呈网络状分布，在桩号 0+495 ~ 550 之间（即地下厂房区间）全段面均有溶蚀通道的出水点，施工期间已见的出水点多达 16 处，有的已埋设导水管，在汛期雨后流量最大可达 $1m^3/s$。

上述对本工程有影响的构造破碎带在施工过程中都进行了相应的挖除、

回填、加固处理，岩溶通道也进行了封堵和引流，能满足设计要求。从建成至今已超 20 年，水电站运行平稳安全。本次改建只涉及机电部分，不会对洞室围岩造成新的扰动和破坏。

清江流域坝区相关的基础岩体主要为粉砂质页岩、粉砂岩、条纹条带粉砂岩、中细粒砂岩。其主要物理力学参数见表 3-2。

表 3-2 谷坪水电站岩（石）体物理力学参数建议值表

地层代号	岩石名称	单轴饱和抗压强度 /MPa	岩体物理力学参数					
			天然容量 /(kN/m^3)	抗剪强度		变形模量 /GPa	容许承载力 /MPa	泊桑比 μ
				f	C/MPa			
$S_{1L\times}$ $S2_{2SH}$ $S6_{2SH}$	粉砂质页岩	10 ～ 15	26.7	0.6	0.12	0.8 ～ 1.0	1.25 ～ 1.75	0.40
$S2_{2SH}$ $S6_{2SH}$ $S_{1L\times}$	粉砂岩	20 ～ 30	26.7	0.7	0.17	3 ～ 5	2.5 ～ 3.5	0.34
$S2_{2SH}$ $S3_{2SH}$ $S6_{2SH}$	条纹带粉砂岩	40 ～ 45	26.7	0.8	0.2	4 ～ 6	4 ～ 4.5	0.30
$S4+5_{2SH}$ $S6_{2SH}$	中细粒砂岩	50 ～ 60	26.8	1.0	1.0	15 ～ 20	5 ～ 6	0.25

第三节 工程任务与规模

一、工程任务

主水利枢纽是一座以发电为主体，并兼有航运、防洪等多种综合效益的大型水利枢纽工程，整个工程于 1996 年建成发电。主水利枢纽还担负着华中电网调峰、调频任务，发挥了重要的电能补偿调节作用，其枢纽工程安全可靠运行是尤其重要的。对工程安全可靠运行来说，最主要的时段是汛期。依据清江流域洪水特性，设计上要求主水利枢组大坝泄洪闸门启闭设备应迅速灵活并自动控制，参与泄洪设备的供电电源必须是可靠、保障程度很高的多重备用电源。所以，“从供电安全可靠、汛期保障防洪用电、平日保障厂区生产生活用电等综合因数考虑”，修建了谷坪水电站，作为主水利枢组的保安自备电源水电站。谷坪水电站直接从水利枢纽水库取水发电，位于水利枢组坝后左岸，装机容量 10MW（2×5MW）。

二、工程现状

原委托水利部长江水利委员会于 1992 年 2 月对谷坪水电站进行可行性研究，1992 年 10 月完成《谷坪水电站 2×5000kW 可行性研究报告》，1992 年年底由业主公司审查通过。谷坪水电站分布在水利枢纽左岸，利用已建的水利枢纽水电站施工导流隧洞，改建成引水式地下厂房。1994 年 12 月建成投入运行发电。

经过 20 多年的运行，存在水轮发电机组长期不在最优工况运行，效率降低，相应电气设备老化严重等诸多问题。主要表现如下：

（1）主水利枢纽水库水位近年来平均运行水位高了约 10m。水轮发电机组实际运行区域不在最优工况区，运行效率降低，汽蚀严重，叶片出现断裂及裂纹情况，振动大；严重磨损导水机构，经过多次修复后，转轮室基准面已经失去。

（2）发电机的绝缘设计采取为 B 级设计，2008 年前为追求经济效益，长期处于超负荷运行状态，导致设备绝缘老化。停机达 24h 后绝缘降低无法正常开机，所以目前谷坪水电站机组无法正常停机备用，只能空载运行方式备用。据现场统计，谷坪机组每年空载运行时间达 2000h 以上，造成大量的水能资源浪费。发电机进风设备位置与碳刷安装位置分布不合理，导致粉尘进入；机组安装及制造工艺较低，发电机组曾因振动过大而出现扫镗情况；发电机组缺少必要的监视测量元件，无法满足现行标准及规范要求。

（3）调速器系统为 20 世纪 90 年代产品，机械元件磨损老旧，设备元件老化，控制系统精度低，各处漏油情况严重。

（4）技术供水设施老化严重，滤水设备采取固定式滤水设备，阀门关不严，锈蚀情况严重而且过滤器效果差。严重影响水电站安全运行。渗漏排水系统排水泵效率下降，汛期渗漏排水泵效率不足，且能耗大。

（5）水电站主变型号为SF7-16000/35kV，历经20余年的运行，绝缘老化，运行损耗大，可靠性减少，属淘汰产品。

1）6kV高压开关柜为KYN1-10型，ZN16-10型真空断路器，设备老化严重，维护工作量大。

2）更换整理全厂中低压电力电缆及控制保护电缆（不含35kV高压电缆）、桥架、电缆桥架感温电缆。

3）厂用变压器、机旁高压开关柜等配套机电设备以及全厂照明系统均老化严重，严重影响水电站安全运行和经济效益，急需改造更换。

4）计算机监控系统元件老化，故障率高。

5）励磁系统设备老化，励磁变损耗大。

6）机组自动化元件故障率高、稳定性差。

7）压力钢管等金属结构防腐材料剥落，需要重新进行防腐处理。

8）进水口闸门及拦污栅已严重锈蚀，结构局部变形。

9）尾水启闭机操作平台局部破损，部分按钮脱落，仪表指示部分失灵。

10）主、副厂房墙面，地表年久失修，水电站安全标识系统不完整。

三、水电站防洪水位

本次设计主要为水电站厂房的维修和机电设备的改造，不涉及主要建筑物的改动。各引水系统的挡水建筑物防洪水位本次不做复核分析。厂房的洪水主要受到水利枢纽水库泄洪的影响，依据原水利枢纽和安保水电站的设计，谷坪水电站进厂道路高程高于各频率的防洪水位。厂房的设计尾水位98.13m（P=0.1%），校核尾水位100.00m（P=0.01%），经调查多年水电站运行记录，厂房最高运行尾水位为80.83m。故本次复核结论是厂房的防洪是安全可靠的。

四、水轮机额定水头及装机容量的选择

1. 装机容量的选择

谷坪水电站建设规模的选择要求是：在防汛、泄洪等紧急情况下，谷坪水电站能够担任厂区生产生活用电和整个水利枢纽不间断用电的要求。

依据审批的《谷坪水电站 2×5000kW 可行性研究报告》，水利枢纽厂区和坝区用电负荷情况见表 3-3。

从表 3-3 中可以看出，水利枢纽厂区和坝区用电负荷总计 4464kW。此外，包括厂外办公楼用电、职工生活用电等项，在水利枢纽大机组停机不发电期间，该两项用电也由保安自备水电站供电，用电负荷约 2000 多 kW。上述负荷总计约 6500kW。可研过程中，从保安自备水电站“供电保障程度高、供电容量充足，除要求供电安全可靠外，供电能力要求满足最大可能情况的用电需求”考虑，留有适当余度，谷坪水电站装机容量 10MW（2×5 MW）。

表 3-3　主水利枢纽用电负荷汇总

项目		有功 /kW	无功 /kW	功率 /kW
厂区	厂内公用电	1007	444	1100
	机电用电	780	432	892
	检修用电	320	141	350
	照明	324	331	463
	小计	2431	1348	2805
坝区	第一级升船机	459	402	610
	第二级升船机	588	436	732
	大坝用电	765	416	872
	厂前进水口段	220	149	266
	小计	2033	1403	2480
合计		4464	2751	5285

由于水利枢纽的生产生活用电负荷没有大幅度变动，谷坪水电站原设计装机容量对负荷需求留有较大余度，不必要提升机组装机容量。所以，推荐

维持原装机容量，即谷坪水电站装机容量为10MW（2×5MW）。

2. 额定水头选择

依据清江流域梯级水库控制运行总体管理方式：主水利枢纽水电站持续维持高水位发电运行，维持较高水头发电，汛期来临时，适当减少库水位运行。汛前及汛期有可能发生弃水时，要及时加大出力减少水位；水利枢纽水电站的下游水电站水库是日调节水库，当没有泄洪风险时适宜维持较高运行水位（79～79.5m），减少水耗，提升机组安全稳定性，提升发电收益。在汛期适当减少库水位运行（78.5～79m），减少弃水风险。

依据审批的《谷坪水电站2×5000kW可行性研究报告》，水利枢纽正常蓄水位200m，死水位160m，谷坪水电站校核尾水位为100m，最低尾水位78m。水电站额定引用流量13.4m^3/s，对应水头损失12.6m，对应上游运行水位182m，对应额定水头90m。

本过程中依据近8年水电站运行逐日水位及逐月水位统计，见表3-4，上游平均运行水位为192.96m，运行在190m以上的天数保障率为86.3%，下游平均水位为79.3m，运行在79.8m以下的天数保障率为86.0%。考虑约9.2m的水头损失，本过程中谷坪水电站的额定水头取101m。谷坪水电站水能指标见表3-5。

表3-4 水利枢纽水库逐年月运行水位表 单位：m

		1	2	3	4	5	6	7	8	9	10	11	12
2008	最高水位	196.51	190.3	193.29	194.41	193.62	191.36	196.71	199.7	199.7	197.21	199.92	198.28
	最低水位	190.25	186.52	186.93	189.79	189.85	186.53	186.84	195.22	195.43	194.31	197.23	197.44
	平均水位	194.64	187.79	190.99	192.11	191.63	189.44	192.84	197.05	197.72	195.4	198.97	197.94
	下游平均水位	79.36	79.35	78.89	78.96	79.28	79.13	79.24	79.6	79.49	78.45	79.01	78.08
2009	最高水位	197.46	194.82	192.3	195.91	197.12	196.59	196.01	193.39	192.92	186.35	182.27	186.16
	最低水位	193.48	190.49	191.07	191.79	194.57	193.05	189.56	190.73	186.3	180.19	180.62	181.47
	平均水位	195.06	192.98	191.9	193.82	196.22	194.95	193.21	192.44	188.73	183.66	181.51	183.95
	下游平均水位	79.26	78.77	79.22	79	78.92	79.24	78.89	79.03	79.12	79.27	78.31	78.95

续表

		1	2	3	4	5	6	7	8	9	10	11	12
2010	最高水位	189.95	193.34	193.34	194.21	193.22	193.86	193.21	196.03	197.56	195.81	196.33	198
	最低水位	186.15	189.71	190.54	192.07	190.57	190.83	189.87	191.63	192.13	191.53	195.19	196.25
	平均水位	188.71	190.79	191.88	193.36	191.8	192.63	192.13	192.66	195.18	193.48	195.68	197.11
	下游平均水位	79.49	79.17	78.41	79.31	79.26	79.08	79.1	79.27	79.33	79.01	79.67	79.56
2011	最高水位	198.34	193.67	192.88	198.31	198.03	191.71	192.58	192.63	193.34	195.79	197.89	194.29
	最低水位	193.62	192.79	190.6	191.73	189.18	186.53	190.91	191.35	192.03	192.35	193.58	191.57
	平均水位	196.52	193.39	191.62	195.77	193.08	188.93	191.98	192.14	192.75	195.01	195.66	193.04
	下游平均水位	79.26	79.34	79.26	79.06	79.32	79.09	79.04	79.03	79.28	78.95	79.16	79.5
2012	最高水位	193.98	193.12	193.15	194.8	196.46	196.29	191.83	188.27	190.44	197.05	197.4	196.36
	最低水位	192.48	191.44	190.87	193.15	192.15	189.01	188.27	184.92	186.11	190.33	195.72	191.9
	平均水位	193.41	192.39	191.6	193.99	193.87	192.77	190.37	186.73	188.26	192.43	196.49	193.66
	下游平均水位	79.49	79.5	79.49	79.38	79.3	79.47	79.17	79.37	79.6	79.52	79.39	79.67
2013	最高水位	191.98	189.43	189.76	191.52	192.87	195.91	194.14	197.44	198.17	197.88	192.71	192.89
	最低水位	189.41	187.2	186.6	189.75	189.64	190.72	190.75	192.7	195.75	190.17	190.16	191.11
	平均水位	190.93	188.4	187.98	190.97	190.93	194.1	191.78	195.02	196.91	193.45	191.41	192.38
	下游平均水位	79.85	79.79	79.69	79.1	79.52	79.68	79.51	79.59	79.13	79.66	79.49	79.37
2014	最高水位	191.64	192.43	195.54	196.19	193.69	192.41	192.71	195.52	199.34	196.4	197.82	198.65
	最低水位	190.56	191.63	192.41	193.62	191.52	190.18	189.97	192.69	195.4	194.38	196.4	197.82
	平均水位	190.96	192.01	194.03	195.12	192.34	190.89	191.29	194.7	197.73	195.12	196.88	198.37
	下游平均水位	78.67	79.68	79.58	79.23	79.49	79.26	79.37	79.43	79.75	79.5	79.24	79.37
2015	最高水位	198.43	197.18	196.98	197.73	193.23	197.77	193.49	194.49	194.5	195.1	195.49	195.37
	最低水位	197.11	196.32	193.83	192.87	190.72	191.24	190.46	192.54	189.08	193.29	193.68	194.73
	平均水位	198.02	196.73	194.8	195.83	192.26	195.27	191.88	193.68	192.21	194.28	194.65	194.99
	下游平均水位	79.52	78.43	79.1	79.55	79.53	79.67	79.34	79.43	79.42	79.77	79.63	79.58

表 3-5　谷坪水电站水能指标

项目	谷坪水电站	
	改造前	改造后
装机容量	10MW	10MW
装机台数	2 台	2 台
额定流量	13.4m³/s	11.5m³/s
最低尾水位	78m	78m
最高尾水位	100m	100m
正常尾水位	78.41m	79.3m
满发水头损失	12.6m	9.2m
最大水头	121.5m	121.5m
最低水头	72m	72m
额定水头	90m	101m
上游正常水位	200m	200m
上游死水位	160m	160m
上游平均水位	182m	192.96m

五、河流生态修复

1. 水能资源概况

清江流域横贯湖北省西南，位于东经 108° 至 111° 与北纬 29° 至 30° 之间的副热带地区。发源于湖北西部利川县，在宜都市汇入长江。沿途自西向东流经湖北省利川、恩施、建始、巴东、长阳县等 10 个县（市）。干流几乎与纬线平行，流域呈东西长、南北窄的狭长形，面积为 17000km²。干流全长 423km，总落差 1430m。流域中雨水充沛，多年平均年降雨量达 1460mm，多年平均径流深达 876mm，多年平均流量达 423m³/s。清江可能开发利用的水能资源有 85% ~ 88% 集中在恩施以下干流河段上，其水能资源开发条件比较优越，是清江流域水能资源开发利用的重点。

主水利枢纽位于长阳县城上游，坝址以上流域面积 14430km²，是一座以发电为主，兼顾航运、防洪等多种综合效益的大型水利枢纽工程。水库多年平均流量 390m³/s，年平均径流量 123 亿 m³，实测最大洪峰流量 18900m³/s。大坝高程 206m，最大坝高 151m，大坝全长 653.5m。工程按洪峰流量 22800m³/s 的千年一遇洪水设计，坝前最高洪水位 203.14m；按洪峰流量 27800m³/s 的五千年一遇洪水校核，坝前最高洪水位 204.54m。水电站装机容量为 1212MW，多年平均电量 30.68 亿 kWh，梯级联合调度中，保障出力 241.9MW。兴利库容 19.41 亿 m³，库容系数 0.18，水库正常蓄水位 200m，死水位 160m，水库具有年调节能力。

清江下游水电站位于湖北省宜都市境内，是清江口的最下游一个发电梯级，也是水利枢纽梯级的航运反调节梯级；坝顶长 419.5m，最大坝高 57m。正常蓄水位 80m，水库库容 4.3 亿 m³，坝区回水长 50km，与长阳县主水利枢纽水电站尾水相接。

谷坪水电站系主水利枢纽保安自备水电站，水电站装机 2×5MW，分布在主水利枢纽左岸，利用水利枢纽施工导流隧洞改建成引水式地下厂房。

谷坪水电站安装两台 5MW 卧式水轮发电机组，总装机 10MW。谷坪水电站利用水利枢纽施工导流隧洞从水利枢纽水库引水发电，最大引用流量 13.4m³/s，设计年发电量 3000 万 kWh，利用小时数 3000h。水电站于 1994 年 12 月投产发电。

2. 河流水能资源规划及开发现状

主水利枢纽已建成 3 个保安自备水电站，总装机 13.3MW，其中谷坪水电站 10MW。谷坪与另外两站分布在主水利枢纽左、右两岸。

本次实施农村水电增效扩容改造的是谷坪水电站。主水利枢纽水电站和谷坪水电站均位于主河道水利枢纽大坝坝后，且下游库区直接与水利枢纽水电站尾水相接，所以不会造成清江流域减脱水；谷坪水电站利用水利枢纽施工导流隧洞为厂房，本身为主水利枢纽的重要组成部分，不另进行生态改造。

表 3-6　水利枢纽保安自备水电站概况

序号	名称	装机容量 /MW	投产年份	环保批文
1	谷坪水电站	2×5	1994	无地表河流脱水段
2	Ⅰ级水电站	3×0.55	1997	无地表河流脱水段
3	Ⅱ级水电站	3×0.55	1997	无地表河流脱水段

3. 河流减脱水现状

经调查，水利枢纽水电站和谷坪水电站为坝后式，清江流域主河道水利枢纽水电站和下游水电站已设流域联合调度；谷坪水电站本身作为主水利枢纽保安电源，兼有生态供水作用，主水利枢纽水电站下游不形成流域内减脱水河段。

4. 河流水量生态调度

在河流水量调度上，加强部门合作，在保障防洪安全的前提下，坚持以水利枢纽保安电源功能为主，区域、流域相统筹，上下游、左右岸相协调，先生活后生产再生态，电调服从水调的要求，落实流域调度方案，让有限水量发挥最大效益。

5. 电力梯级联合调度

为科学合理地实施流域梯级水电站联合调度，要求水利枢纽水电站按照统一调度、统一指标、统一规划的方式，采取流域现代化的水电站水库调度通信自动化系统、水情自动监测告警系统等系统。建设一个服务于水利枢纽统一调度管理多个部门和专业的信息化综合管理平台，极大限度地实现信息的实施监测，提升流域梯级水电站统筹调度管理水平。

谷坪水电站作为主水利枢纽保安电源，其电力调度统一纳入流域梯级水电站联合调度。

6. 生态流量的确定及泄放

水利枢纽水电站下游梯级水电站是清江干流最下游一个梯级，位于水利枢纽水电站下游 50km 处，湖北省枝城市境内，是以发电为主，兼有航运、水产效益的中型水利枢纽。坝址控制流域面积 15650km^2。其水库具有日调节能力，水电站装机 270MW，保障出力 77.4MW。水库正常蓄水位 80m，死水位 78m，是水利枢纽水电站调峰和航运的反调节水库。

下游水利枢纽于 2000 年 7 月三台机组全部投产发电，2001 年起正常运行。由表 3-7 可见，2001 年之前，水利枢纽最低尾水位在 72m 左右，下游水利枢纽正常投入运用以后，历年最低尾水位均高于 72m 较多，水利枢纽尾水以下从未出现脱流情况。

表 3-7　水利枢纽历年最高、最低尾水位统计表

年份	年最高尾水位 /m	年最低尾水位 /m
1997	89.04	76.33
1998	86.84	76.20
1999	81.80	71.80
2000	85.56	72.37
2001	81.15	75.30
2002	83.95	76.34
2003	81.55	76.54
2004	80.44	76.02
2005	80.93	77.44
2006	80.74	77.95
2007	83.97	77.33
2008	81.35	76.70
2009	80.26	75.13
2010	80.42	77.13
2011	80.38	77.33
2012	80.71	77.95
2013	80.68	77.25
2014	80.69	77.30
2015	80.74	77.13
2016	80.27	77.47
平均	82.17	76.29

所以，主水利枢纽未设置专门的生态流量下泄管道。但是，当水利枢纽水电站因为检修、电网调度等原因停机，下游水位出现极低的特殊情况时，谷坪可继续泄流发电，作为水利枢纽工程的生态下泄流量，提升下游生态供水保障率。

第四节　工程分布及建筑物

一、设计依据

1. 工程等别及主要建筑物级别

谷坪水电站是为主水利枢纽工程服务的小型水电工程，是确保主水利枢纽运行安全的重要供电电源之一，为此谷坪水电站的设计等级采取与水利枢纽水电站相同的设计等级，为Ⅰ等工程，即防洪标准为Ⅰ等工程。谷坪水电站输水管道、水电站地下厂房等建筑物级别为2级，结构设计及有关附属建筑的稳定等按2级建筑物标准设计。其他次要建筑物级别为3级。输水建筑物、厂房的设计洪水标准为1000年一遇，校核洪水标准为10000年一遇。

2. 地震设防烈度

依据《中国地震动参数区划图》（GB 18306-2015），谷坪水电站所属区域地震动反应谱特征周期为0.35s，地震动峰值加速度为0.05g，相当于地震基本烈度Ⅵ度。

确定本工程地震设防烈度为Ⅵ度。

3. 设计基本资料

（1）特征水位。

水库死水位　▽ 160.00m

水库设计水位　▽ 200.00m

最低尾水位　▽ 78.00m

正常尾水位　　▽ 79.3m

校核尾水位（*P*=0.01%）　　▽ 100.00m

（2）压力钢管。

型式：明管，洞内埋管，16M 钢管。

总长 230.53m，主管内径 2.0m，支管内径 1.25m。

设计引用流量：13.4m³/s（改造前），11.5m³/s（改造后）。

（3）装机规模。

总装机容量　　10MW

（4）水电站厂房。

机组中心高程　　76.50m

厂房地表高程　　75.70m

升压站地表高程　　96.00m

4. 主要文件、法规、规程及规范

（1）《小型水电站初步设计报告编制规程》（SL/T 179-2019）

（2）《防洪标准》（GB 50201-2014）

（3）《水工建筑物荷载设计规范》（SL 744-2016）

（4）《小型水力发电站设计规范》（GB 50071-2014）

（5）《水利水电工程进水口设计规范》（SL 285-2020）

（6）《水利水电工程等级划分及洪水标准》（SL 252-2017）

（7）《水工隧洞设计规范》（SL 279-2016）

（8）《水电站压力钢管设计规范》（NB/T 35056-2015）

（9）《水电站厂房设计规范》（SL 266-2014）

（10）《水利水电工程施工组织设计规范》（SL 303-2017）

（11）《水电水利工程围堰设计规范》（NB/T 35006-2013）

（12）《水工混凝土结构设计规范》（DL/T 5057-2009）

（13）《水电工程施工机械选择设计规范》（NB/T 10237-2019）

（14）《水利水电工程劳动安全与工业卫生设计规范》（GB 50706-2011）

（15）《水电工程设计防火规范》（GB 50872-2014）

（16）《水力发电厂机电设计规范》（DL/T 5186-2004）

（17）《水工挡土墙设计规范》（SL 379-2007）

二、工程总体分布及建筑物

1. 工程总体分布

为使谷坪水电站充分利用水能资源，完备、优化水电站安全性能及机电设备效能，确保主水利枢组安全运行，主水利枢组保安自备水电站谷坪水电站增效改造主要有水电站厂房维修、机电设备增效改造等项目。依据湖北省《农村水电增效扩容改造项目初步设计指导意见》，原工程总体分布格局不变，工程不存在新增选址的问题。

谷坪水电站位于主水利枢纽左岸，由输水管道（包括进水口段，明敷钢管斜段，钢管隧洞段，水平段，岔管，1#、2# 支管），地下厂房（包括主厂房、副厂房、安装场），尾水渠（涵），进厂交通隧洞，地表开关站和对外交通公路等建筑物组成。

输水管道主管径 Φ2.0m，引用流量为 11.5m^3/s（改造前为 13.4m^3/s），管道全长 230.53m。地下厂房沿导流隧洞流向分布，长 67.7m、宽 13.8m，机组安装高程 76.5m，厂内设两台卧式水轮发电机组，水电站总装机 10MW。尾水渠沿线分两段与主河道相接，全长 232.28m。地下厂房共 2 条对外交通。开关站分布在地下厂房的地表上，建筑面积约 90m^2，高程为 96.0m。布有 35kV 出线一回，电缆出线两回。水电站两台机组于 1994 年 12 月投产发电。

2. 主要建筑物

本次改造只对谷坪水电站压力钢管明管段外壁进行防腐处理；对主、副厂房墙面、地表进行整体处理。其他建筑物均无改造要求，只对其进行简要概述。

3. 引水建筑物分布

谷坪水电站输水管道进口设在 23 坝段坝面外伸长 7m、宽 8m 的牛腿上，进口尺寸为高 6.43m、宽 6m，进口上缘顶高 157.43m，比库死水位低 2.57m，进口后 2.5m 处为拦污栅兼检修门槽，门孔尺寸 4.8m×3.5m，底部为平底，两侧与顶缘均用弧线相接。栅槽后 2.9m 处为事故工作门槽，门孔尺寸 2.0m×2.0m，顶缘圆弧连接两侧采取按 14.5° 收缩角直线相接，事故门后为方变圆的渐变段，长为 3.6m，收缩角 6.5°，坝面设有起重量 25t 吊车一台，作为起吊闸门及拦污栅之用。

引水管管线全长 230.53m，桩号 110+156m 以前为外露的明钢管，其后为隧洞中埋置的明钢管。

（1）明钢管：明钢管管线长 110.156m，钢管内径 Φ2m，支管 1.25m，主、支管分岔处用“卜”型岔管。钢管的设计引用流量为 11.5m³/s（改造前 13.4m³/s），在钢管离坝体后，即在 40+000 ～ 110+156m 段之间设有两个镇墩，三个伸缩节和五个钢筋混凝土支墩，支墩滑动支座的最大跨度为 7m。钢管采取 16M 钢材，管壁厚度为 12mm ～ 16mm ～ 20mm。20mm 厚的管段用于“卜”型岔管段。

（2）隧洞内钢管：隧洞内埋设 Φ2m 的钢管，主管管线长 99.88m，隧洞开挖直径为 3.8m，回填混凝土厚 0.9m，隧洞段系石灰岩，为Ⅱ、Ⅲ类围岩。由于内水压力由钢管承受，隧洞回填混凝土仅在下列部位分布了构造钢筋；即隧洞进口段 10m 范围内，相当于洞脸部位；隧洞开挖覆盖厚度小于两倍洞径的区段；隧洞支洞进入蜗壳的局部长度，岔管段。其余洞段均为素混凝土回填。

4. 厂房建筑物分布

厂区建筑物主要由地下厂房、尾水渠（涵）、进厂交通隧洞、地表开关站和对外交通公路等建筑物组成。

谷坪水电站厂房为利用已建导流隧洞分布的引水式地下厂房，共安装两台卧式水轮发电机组，单机引用流量 5.74m³/s（改造前 6.7m³/s），最大水头 121.5m，最低水头 72m，额定水头 101.0m（改造前 90m）。厂内设桥式起重机一台，起重量 15/3t，桥机跨度 10.5m，厂房尺寸：67.7m×13.8m×21.8m（长×宽×高）。厂房位于导流隧洞桩号0+505.3～0+573.00之间，1#机组位于桩号0+540处，2#机组位于桩号0+527处，机组间距13m，此段隧洞均系厚层灰岩，工程地质条件较好，但是在厂房尾3部桩号0+560～0+572长12m范围内，厂房底部及边墙是寒武系下统石牌组页岩，而且在0+560附近有201#夹层穿过。

地下厂房包括主厂房、副厂房、安装场。主副厂房洞长67.70m，分成五段，分段间设温度缝及止水片。上游段长15.20m，后三段各为13m，第五段长13.50m。上游为副厂房，中间三段为机组段和安装场，下游段为尾水门闸墩及副厂房。导流洞原有宽度13m，两侧增设钢筋混凝土肋厚0.6m（保留原有衬砌厚0.4m）。厂内净宽11.8m。机组中心线以左6.25m，以右5.55m，右侧分布有引水钢管（管中心高程75.12m），蝴蝶阀（阀坑高程73.29m，宽3.55m，长3.60m），蝴蝶阀操作柜，油压设备和回油箱，机组坑进入孔道及通风道等。左侧分布有调速系统、机旁盘、低压母线出线洞和电缆沟及人行通道等。副厂房分布在主机段的上、下游两端，地表与主机段高程75.70m相同。下游副厂房长15.21m、宽11.8m。

尾水渠沿线分两段与主河道相接，上段即原导流隧洞，下段为隧洞出口后采取双孔涵管，涵管埋在大坝消力池下游左岸护坡回填体下，涵管出口底板高程77.10m，尾水渠全长232.28m。地下厂房的对外交通共2条：一条设在主厂房右侧墙（0+579m）的交通运输洞，长59.31m。另一条设在主厂房上游端副厂房右侧墙（0+514m）的事故安全隧洞，长63.86m，安全洞与大坝左排2#支洞连接，经大坝廊道通往地表。开关站分布在地下厂房的地表上，位于左岸已完建的交通隧洞上游洞口以上公路平台上，开关站建筑面积约90m^2，高程为96.0m。分布有35kV出线一回，电缆出线两回。

5. 水电站土建部分现有问题

（1）主、副厂房墙面、地表年久失修。

（2）压力钢管经过多年运行，钢管一直未能进行彻底合理的防腐处理，锈蚀程度较为严重，影响水电站的安全运行。

（3）水电站安全标识系统不全。

6. 本次设计土建部分设计改造措施

（1）对主、副厂房、集控中心墙面、地表进行整体处理。

（2）对压力明钢管（桩号 110+156m 以前为外露的明钢管）及厂内明钢管进行整体防腐处理。

（3）完善水电站安全标识系统。

三、主要建筑物设计

1、引水工程分布

输水管道进水口设在大坝第 23 坝段中，进水口底板高程 152.0m，中心高程 153m，进水口内设拦污栅兼检修门槽、事故工作门槽，事故门后为方变圆的渐变段，坝面设有起重量 25t 吊车一台，作为起吊闸门及拦污栅之用。输水钢管直径 Φ2m，由岔管道分成两支管（Φ1.25m）自地下厂房左侧壁进入厂内，与两台机组蜗壳相连。引水管道全长 230.53m，桩号 110+156m 以前为外露的明钢管，长 110.156m；其后为隧洞中埋置的钢管，长 99.88m。明钢管段设有两个镇墩，三个伸缩节和五个钢筋混凝土支墩，隧洞段隧洞开挖直径为 3.8m，回填混凝土厚 0.9m，隧洞回填混凝土仅在隧洞进口段 10m 范围内、隧洞开挖覆盖厚度小于 2 倍洞径的区段、隧洞支洞进入蜗壳的局部长度范围内分布了构造钢筋，其余洞段均为素混凝土回填。

本次改造只对谷坪水电站压力钢管明管段外壁进行防腐处理，压力钢管结构不存在改造项目。故本次改造设计结构复核不再计算。

压力钢管防腐处理。谷坪水电站压力钢管经过多年运行，明钢管一直未能进行彻底合理的防腐处理，锈蚀程度较为严重，影响水电站的安全运行。依据现场查勘情况，本次改造暂考虑对压力钢管桩号 110+156m 以前的明钢管进行外壁防腐处理。防腐涂装在钢管外壁除锈后进行，除锈、防腐处理应按《涂装前钢材表面锈蚀等级和除锈等级》（GB/T 8923.1-2011）、《水工金属结构防腐蚀规范（附条文说明）》（SL105-2007）要求进行。本过程中考虑防腐涂装层从底到面层依次采取无机富锌、环氧云铁防锈漆、丙烯酸聚氨酯涂装。

2. 引水系统的水头损失复核

本次改造只对谷坪水电站压力钢管进行整体防腐处理、管道结构同改造前原设计，由于本次改造设计的发电引用流量由13.4m³/s减小到11.5m³/s，经过复核计算引水系统水头损失约为9.2m。

3. 厂房建筑物

本次只对厂内水轮发电机组及其相应电气设备进行改造，原厂内机组分布格局不变。

（1）厂区分布。

谷坪水电站厂房为利用已建导流隧洞分布的引水式地下厂房，共安装两台卧式水轮发电机组，单机引用流量为5.74m³/s（改造前6.7m³/s），最大水头121.5m，最低水头72m，额定水头101m（改造前90m）。厂内设桥式起重机一台，起重量15/3t，桥机跨度10.5m，厂房尺寸67.7m×13.8m×21.8m（长×宽×高）。厂房位于导流隧洞桩号0+505.3～0+573.00之间，1#机组位于桩号0+540处，2#机组位于桩号0+527处，机组间距13m，此段隧洞均系厚层灰岩，工程地质条件较好，但是在厂房尾部桩号0+560～0+572长12m范围内，厂房底部及边墙是寒武系下统的石牌组页岩，而且在0+560附近有201#夹层穿过。

（2）厂房主要高程及尺寸。

机组安装高程为76.5m。主厂房地表高程75.70m，发电机坑底高程为72.42m，尾水管底板顶面高程为71.0m，尾水管尺寸为3.44×2m，尾水管底板按整体板设计，开挖最低高程为69.0m。渗漏集水井底板开挖高程为65.80m，厂内桥机轨顶高程依据机组设备运输进厂起吊及安装所需尺寸确定为83.30m，而导流洞顶拱高程为90.80m，设有混凝土衬砌，考虑厂内防潮及渗漏水影响，在衬砌下部设混凝土吊顶，吊顶底面高程按桥机运行高度限制定为85.70m高程。尾水闸门平台高程按液压起闭机运行和栓修要求确定为81.0m。

（3）厂房分布。

主、副厂房洞长 67.70m，分成五段，分段间设温度缝及止水片。上游段长 15.20m 后三段各为 13m，第五段长 13.50m。上游为副厂房，中间三段为机组段和安装场，下游段为尾水门闸墩及副厂房。导流洞原有宽度 13m，两侧增设钢筋混凝土肋厚 0.6m（保留原有衬砌厚 0.4m）。厂内净宽 11.8m。机组中心线以左 6.25m，以右 5.55m，右侧分布有引水钢管（管中心高程 75.12m），蝴蝶阀（阀坑高程 73.29m，宽 3.55m，长 3.60m），蝴蝶阀操作柜，油压设备和回油箱，机组坑进入孔道及通风道等。左侧分布有调速系统、机旁盘、主低压母线出线洞和电缆沟及人行通道等。由于厂房内均在设计尾水位以下运行，在厂房的上下游端各设置厚 1.5 ~ 2.5m 混凝土挡水墙。上挡墙外岩浴溶流水，采取埋管 Φ0.8m 自流与尾水连通。同时在上挡墙高程 88m 布有密封进人门洞，便于进入疏通管道。

副厂房分布在主机段的上、下游两端，地表与主机段相同高程 75.70m。上游副厂房共 2 层，一楼布有空压机室、风机室及油罐室；二楼高程 80.80m，分布有中央控制室、通信室、值班室。下游副厂房长 12.51m、宽 11.8m，分布有风机室，低压开关柜室，供、排、抽水机泵室，卫生间，渗漏集水井，抽排容量按 $30m^3/h$ 设计，井底高程 67.3m，尾水平台（长 7.0m）及下游副厂房的顶部 79.5m 地表，利用厂内桥机及专用电动葫芦起吊。

（4）厂内建筑及集控中心改造设计。

厂内总建筑面积 $1400m^2$。装修改造部位分别是主、副厂房，进厂交通隧洞及集控中心。装修设计以简洁、大方、经济、实用为要求。主、副厂房，进厂交通隧洞楼地表均采取环氧树脂自流平地表；墙面墙裙部分采取墙面砖饰面，墙裙以上墙面采取防潮涂料喷涂；主厂房及副厂房部分房间顶棚采取铝合金格栅吊顶，中控室为铝合金方型板吊顶，其余部位顶棚采取防潮涂料喷涂；生活供水取于地表已形成的自来水源，生活排水及所有渗漏水等均引入渗漏集水井内排出。

集控中心、计算机室及 UPS 室墙面墙裙部分采取防火吸音板，墙裙以上墙面为乳胶漆饰面；集控中心、计算机室地表铺设防静电地板；集控中心、计算机室及 UPS 室更换防火门及铝合金节能窗。

（5）地下厂房结构改建设计。

导流洞原是水利枢纽工程的临时工程，建筑物设计标准为 4 级，运行时期设计最大下泄量为 13700m³/s，相应的尾水位 92.25m。在进行结构内力计算时，除规范规定外，对荷载数据规定如下，地下水位：灰岩段 92m，页岩段 105m。折减系数 *B* 值：灰岩 0.25，页岩 0.3。衬砌回填灌浆压力 2kg/cm²，有效系数 0.25。不考虑温度应力。隧洞全线喷锚支护。喷混凝土标号，抗压强度 300 kg/cm²，抗拉强度 20kg/cm²，喷混凝土厚 20cm。在 0+526 ~ 0+546 长 20m 区段，溶洞较发育，则采取全段断面钢筋混凝土衬砌，厚 40cm，其余各段顶拱锚喷支护，边墙、底板仍采取厚 40cm 钢筋混凝土衬砌。导流洞至 1993 年运用情况正常。导流洞结构设计情况见表 3-8。

表 3-8 导流洞结构设计情况

<table>
<tr><td colspan="2">名称</td><td colspan="3">主副厂房段</td><td colspan="3">尾水隧洞段</td></tr>
<tr><td colspan="2">桩号</td><td colspan="3">0+505.3 ～ 0+526 ～ 0+546 ～ 0+550</td><td colspan="3">0+574.5 ～ 0+624 ～ 0+666</td></tr>
<tr><td colspan="2">长度 /m</td><td>20.7</td><td>30</td><td>4</td><td colspan="2">24.5</td><td>42</td></tr>
<tr><td rowspan="5">岩石衬砌厚度/cm</td><td>顶拱</td><td colspan="3" rowspan="2">石龙洞灰岩</td><td>/</td><td rowspan="2">页岩</td><td rowspan="2">出口明洞</td></tr>
<tr><td>过墙</td><td>石牌</td></tr>
<tr><td>顶拱</td><td>喷锚 15</td><td>40</td><td>喷锚 15</td><td>喷锚 15</td><td>80</td><td>150</td></tr>
<tr><td>边墙</td><td>40</td><td>40</td><td>40</td><td>120</td><td>120</td><td>200</td></tr>
<tr><td>底板</td><td>40</td><td>40</td><td>40</td><td>120</td><td>120</td><td>200</td></tr>
<tr><td rowspan="7">配筋量</td><td rowspan="2">顶上</td><td>锚杆 Φ22</td><td rowspan="3">/</td><td>锚杆 Φ22</td><td>锚杆 Φ22</td><td rowspan="2">40.21</td><td rowspan="2">41.56</td></tr>
<tr><td>6</td><td>6</td><td>8</td></tr>
<tr><td>拱下</td><td>Φ 钢 20×20</td><td>Φ 网 15×15</td><td>Φ 网 15×15</td><td>40.21</td><td>36.19</td></tr>
<tr><td>过内</td><td>10.5</td><td>10.5</td><td>10.5</td><td>30.79</td><td>30.79</td><td>36.19</td></tr>
<tr><td>墙外</td><td>/</td><td>/</td><td>/</td><td>35.34</td><td>35.34</td><td>41.58</td></tr>
<tr><td>底上</td><td>10.5</td><td>10.5</td><td>10.5</td><td>35.34</td><td>35.34</td><td>36.19</td></tr>
<tr><td>板下</td><td>/</td><td>/</td><td>/</td><td>40.21</td><td>40.21</td><td>41.58</td></tr>
<tr><td colspan="2">排水孔</td><td colspan="6">梅花形排列，孔深 2m，间距 2m，排距 1.5m</td></tr>
<tr><td rowspan="2">Φ22 锚筋 /m</td><td>同距</td><td>2</td><td>2</td><td>2</td><td>2</td><td>2</td><td>2</td></tr>
<tr><td>排孔</td><td>1.5</td><td>2</td><td>1.5</td><td>1.5</td><td>1.5</td><td>1.5</td></tr>
</table>

施工导流洞改建为地下厂房后，运用条件完全不同，主要是水位变化，而且厂房内无水，洞内（围岩）水压力随下游水位变化而变化。所以水位变化是地下厂房围岩核算的主要条件，复核时，在灰岩段最高地下水位从92.0m提升到98.13m，厂内边墙衬砌固定于发电机高程75.7m上。计算时，考虑了岩石弹性抗力，其主要荷载是围岩压力、衬砌自重和外水压力。

原导流洞在施工过程中灰岩区段全部改为喷锚，所配钢筋纯属构造钢筋。地下厂房复核计算，当运行工况时，其配筋已超过原构造配筋，因此须进行回固处理。经计算确定，沿厂房横断面圆圈加支撑肋，肋宽80cm、厚60cm、肋中心距3.2m，净距2.4m，肋与原衬砌混凝土的结合采取锚筋连接固定。加固肋间2.4m区段，厚40cm，内侧竖向配筋10.5cm^2。复核计算时，由于地下水位由92m提升到98.13m，原配筋无法满足结构强度要求，所以在发电机层高程75.7m以上，每隔2.5m提升三排锚筋，每排为5Φ28，并设水平钢筋混凝土梁。

（6）尾水渠道分布。

水电站尾水出闸门后，0+573至天然河床为尾水渠道，全长156.78m。其中包括隧洞段（0+573～0+666），长93m，涵管段长63.78m。尾水出隧洞后，是大坝消力池左岸护坡填筑体，填筑体高程94m。而导流洞底高程74m，尾水只能在填筑体内埋设涵管流入河床，涵管采取双孔钢筋混凝土结构，断面尺寸3.3m×4.0m。其轴线在隧洞末端再延长72m后向右偏转70°，进入清江河床。

涵管按明渠设计，进口底高程77.35m，出口底板高程77.10m，纵向坡0.2%，在正常尾水位80m时，涵管内水面离管顶还余40cm。

（7）尾水建筑物设计。

双孔钢筋混凝土涵管段，高3.3m，宽4m，涵管顶板和底板厚80cm，边墙厚60cm，涵管进口底板面高程77.35m，出口高程77.1m，回填土顶高程94m，最大填土高度12.56m，采取填土干容重1.9t/m^3，内摩擦角30°。涵管按双孔钢筋混凝土框架计算，底板按弹性地基梁校验，计算结果涵管构件应力的控制工况是施工完成或正常尾水位 80m，此时涵管的地基反力最大为 22 ～ 29t/m^2，故要求基础允许承载能力不小于 30t/m^2。

尾水渠段（施工导流隧洞）自 0+573 ～ 0+666，长 93m，全段均处于石牌页岩中，断面形式为“城门洞”型，高 16m，宽 13m，分为两段，渠首段长 49.5m，衬砌厚度顶拱 80cm，边墙和底板 120m；后段长 42m，衬砌厚度顶拱 150cm，边墙、底板为 200cm。后段厚度加大是因为出口洞脸高边坡岸剪裂隙发育，且施工过程中发生过塌方。原隧洞按 4 能标准设计，当下泄量 13700m^3/s，相应下游水 92.25m 时，依据计算及复核情况，隧洞配筋以施工完建时的荷载组合为依据。为此当水电站运行时，下游水位涌高，洞内水压力增大、应力减小，从复核的绝对值看，运行期最大应力仅为施工完建时的 2/3，可见导流洞作为水电站尾水渠用，不需作技术处理。在长 42m 的后一段复核计算中，提升一组荷载组合，即当再度发生塌方时，两侧边墙产生不均衡的侧压力，其侧压力差在 1 ～ 2m 时，洞脸仍能满足要求。

（8）厂房对外交通。

地下厂房发电机层高程 75.7m，常年处于尾水位以下，对外运输及交通分布按下述要求进行：机电设备进厂运输；运行人员出入方便；任何尾水位情况下交通不受影响；通（排）风、消防、通道要求。所以分布了两个通道，一是交通运输洞；二是事故安全交通洞（兼作排风洞）。

（9）交通运输洞。

交通运输洞是设备运输及运行人员主要入口，洞的轴线与厂房洞轴线相交处是 0+549 桩号，两轴线平面夹角是 74.62°，由于厂房距地表对外出口高差达 21.3m，故交通洞的设计是按两层不同高程的平洞加垂直竖井组成。交通洞长度为 59.31m，水平洞断面形成均为“城门型”。第一段进口段（即顶层平洞），自进口至竖井段长 33.31m，洞底高程 96 ～ 97m，本段按运用情况分成三小段，前段为弧形线连接洞段，弧长 11.92m，断面尺寸 4.5m×6m，洞底高程与左岸公路高程 96m 相同；中段为斜坡段，洞底高程 96 ～ 97m，长 12.39m，断面尺寸 4.5m×6m；后段长 9m，底高程 97.0m，断面尺寸 4.5m×13.5m。后段断面加高主要利用竖井起吊桥机转运设备。第二段垂直竖井段，平面尺寸 7.6m（长）×7.2m（宽），竖井包括吊物井、交通楼梯及电梯，井高自洞底高程 111.58 ~ 74.8m，井深 31.13m，在吊物井下高程 107.0m，装有起重量 15t 桥吊一台，跨度 3m。竖井进入及吊物井平台高程按满足 p=0.01% 校核尾水位 99.7m 要求定为 100.0cm。第三段是竖井底至厂房的水平交通洞，洞底高程 75.7m，与长内安装场发电机层相同，长 18.5m，断面尺寸 3m×4m，洞地表设有平板车运输轨道及电缆沟至安装场。

事故安全交通洞，地下厂房事故安全交通道，兼作平日运用的排风洞及消防的排烟洞；尾水位达 96.0m 时人员出入洞。该洞分布在厂房二楼右侧墙高程 80.75m，由平洞和斜洞组成全长 65.69m，断面尺寸 1.5m×2.55m（宽 × 高），本洞与“左排 2#”支洞相衔接，安全洞出口高程 102.28m。

（10）开关站分布。

开关站分布在地表上，位于原左岸已完建的施工交通隧洞口上游 25m 公路侧面高程 98.2m 的平台上，设有 1.6 万 kVA 主变压器一台，平面尺寸为 6.6m×6.3m（长 × 宽），开关室面积 6.84m×6.3m，考虑汛期泄洪时，变压器不受雨雾影响，变压器顶部设有钢筋混凝土顶盖。考虑变压器的检修吊装，部分盖板做成活动的。布有 35kV 出线一回，电缆出线两回。

（11）厂房地表、墙面处理。

主、副厂房年久失修，且多处有渗、漏水情况，本次设计对破损、脱落、老化的主、副厂房及进厂交通洞墙面、地表原装修面层进行整体处理。

厂房内墙面、地表处理标准：厂房内部装修设计以简洁、大方、经济、实用为要求，主要装饰材料选择与照明灯具、机电设备相协调，并考虑隔声、防渗、防尘和节能等要求。主、副厂房，进厂交通洞，地表装修均采取环氧树脂自流平地表；墙面墙裙部分采取墙面砖饰面，墙裙以上墙面采取防潮涂料喷涂；主厂房及副厂房部分房间顶棚采取铝合金格栅吊顶，中控室为铝合金方型板吊顶，其余部位顶棚采取防潮涂料喷涂。

（12）厂房的稳定计算。

由于本站改造只涉及厂房机组更新改造及厂房的维修，其他均利用原有设施，且机组重量与改造前机组改变不大。所以，本过程中不再对厂房的稳定应力复核计算。

（13）新老混凝土结合处处理。

新老混凝土结合主要是机组基础以及部分辅助设备基础的拆除重建设计等，新老混凝土结合处处理步骤：第一步将老混凝土结合处凿除；第二步为分布砂浆锚杆；第三步浇筑新混凝土。

新老混凝土结合处分布砂浆锚杆，分布方式采取间距为2m×2m梅花形，采取浆材为强度等级M20的水泥砂浆对锚杆进行注浆。为保障新老结合处的质量，结合处必须全部凿除表层，凿除后的混凝土表面应显露石子。

基础混凝土采取与原设计相同强度等级的C20混凝土浇筑。浇筑时，应避免新混凝土温度应力不同而导致其结合效果不良，所以必须做好新混凝土温控防裂。

（14）水电站安全标识系统。

为加强水电站安全管理，需完善水电站安全标识系统。改造后的安全标识系统包括禁止标识、警告标识、指令标识、提示标识、消防标识、安全警示线及警戒线。

四、主要工程量

谷坪水电站增效改造工程建筑物项目及工程量见表3-9。

表3-9 谷坪水电站增效改造工程主要工程量

序号	名称及项目	单位	数量	备注
一、厂房				
1	C20混凝土凿除	m^3	39	
2	C20混凝土浇筑	m^3	39	
3	主厂房装修			
3.1	原楼面处理	m^2	437	
3.2	环氧树脂自流平楼面	m^2	437	
3.3	原墙面处理	m^2	1553	

续表

序号	名称及项目	单位	数量	备注
3.4	面砖墙面	m^2	360	
3.5	涂料墙面	m^2	1193	
3.6	铝合金格栅顶棚	m^2	607	
4	副厂房装修			
4.1	原楼面处理	m^2	605	
4.2	环氧树脂自流平楼面	m^2	605	
4.3	原墙面处理	m^2	1260	
4.4	面砖墙面	m^2	488	
4.5	涂料墙面	m^2	772	
4.6	铝合金格栅顶棚	m^2	310	
4.7	涂料顶棚	m^2	110	
5	交通运输洞			
5.1	原楼面处理	m^2	80	
5.2	环氧树脂自流平楼面	m^2	80	
5.3	原墙面处理	m^2	252	
5.4	面砖墙面	m^2	188	
5.5	涂料墙面	m^2	64	
6	集控中心装修			
6.1	原楼面处理	m^2	58	
6.2	防静电地板楼面	m^2	80	
6.3	原墙面处理	m^2	176	
6.4	防火吸音板墙裙	m^2	30	
6.5	涂料墙面	m^2	176	
6.6	乙级防火门（1500×2100）	个	1	
6.7	乙级防火门（1000×2100）	个	3	
6.8	90 系列铝合金窗	m^2	33	
7	钢（锚）筋	t	0.5	
8	M20 水泥砂浆（2cm）	m^2	8	
9	安全标识系统	套	1	
二、压力钢管				
1	外壁防腐处理	m^2	942	

五、金属结构

依据本过程中设计任务，谷坪水电站增效改造工程主要所涉金属结构包括水电站进水口闸门及拦污栅、尾水闸门启闭机等。

1. 进水口闸门及拦污栅

（1）进水口闸门现状。

谷坪水电站进水口设置一道拦污栅槽和事故工作门槽，拦污栅与检修闸门共槽分布，拦污栅及检修闸门孔口尺寸 4.8m×3.5m，事故工作门孔口尺寸 2.0m×2.0m，闸门和拦污栅利用坝面的 250kN 吊车起吊。

闸门及拦污栅已运行多年，现已严重锈蚀，闸门及拦污栅结构局部变形，故本次改造为检测和修复防腐，如检测结果达到报废标准的，需重新制造，暂按修复防腐方案考虑。

（2）进水口闸门及拦污栅改造方案。

依据《水工钢闸门和启闭机安全检测技术规程》要求，对谷坪水电站进水口检修闸门、拦污栅和事故工作闸门进行安全检测。并依据《水利水电工程金属结构报废标准》要求，确定闸门及拦污栅是否可以继续运行。如可以继续运行，需对闸门及拦污栅进行防腐处理，并按照《水工金属结构防腐蚀规范》要求进行；如局部有变形的，依据变形情况进行修复。如无法运行的，需按《水利水电工程金属结构报废标准》进行报废处理，并重新制作。

2. 尾水闸门液压启闭机

（1）尾水液压启闭机操作控制系统现状。

谷坪水电站尾水设有 2 孔尾水闸门，孔口尺寸 2.5m×2.75m，闸门利用 QPPY-100kN-4.0m 液压启闭机进行操作，目前该液压启闭机油缸、泵站运行正常。操作平台局部破损，部分按钮脱落，仪表指示部分失灵。故本次改造为整体更换该启闭机操作控制系统。

（2）尾水液压启闭机操作控制系统改造方案。

依据目前液压启闭机的发展水平，按现地控制优先以及计算机远方监控双重控制设计，本次改造为整体更换启闭机操作控制系统，拆除原控制平台，改为屏柜分布。所有信号均有远方输出接口，并能接收到远方的监控系统发出的启闭信号，现地电控柜设置触摸屏能显示有关电气信号及表计信号，还包括极限位置保护信号、闸门开度信息、启闭状态等。金属结构工程量详见表 3-10。

表 3-10 金属结构工程量

序号	工程项目	孔口尺寸 / m×m	孔口数量	闸门数量	防腐面积 / m^2	备 注
1	进水口拦污栅	4.8×3.5	1	1	50	
2	进水口检修门	4.8×3.5	1	1	50	
3	尾水闸门	2.5×2.75	2	2		更换液压启闭机操作控制系统，改为屏柜分布。共 2 套
总计					100	

六、采暖通风

1. 厂区概况

谷坪水电站厂房为利用已建导流隧洞分布的引水式地下厂房，厂房尺寸为 67.7m×13.8m×21.8m，安装两台卧式水轮发电机组，主、副厂房洞长 67.7m，分别分布上游副厂房、机组段和安装场、尾水闸墩及下游副厂房。厂内设桥式起重机一台，起重量 15/3t，桥机跨度 10.5m。

2. 设备分布

原厂内采暖通风设备设计参数见表 3-11，具体分布如下：

（1）在 1# 机组与安装场之间各分布 1 台 FPS100ML 柜式空调机并各配 1 台 SJC-15H 风冷冷热水机组作为空调冷热源，设在大门下游右侧专用机房内。

表 3-11　原厂内采暖通风设计参数

部位	夏季		冬季		备注
	温度 /℃	湿度 /%	温度 /℃	湿度 /%	
主厂房发电机层	28±	65±15	≥ 10		机械通风、空调
中控室、通信室	27±1	60±10	≥ 15	50±10	空调
厂用变、开关室	≤ 35		≥ 15		机械通风
空压机旁	≤ 35		≥ 5		机械通风
电梯机旁	≤ 30	≤ 5	≥ 10		机械通风、空调

（2）在 1#、2# 机组间设有 2 台 LC20 去湿机。

（3）在上游副厂房通风机旁内设有 1 台 4-79NQ2-12E 离心风机。配变速电机，作为夏季 JC-15H 风冷机热风之用；冬季与过渡季节作为主厂房排风之用。

（4）中控室设 1 台 HF13WL 分体式恒温空调机，通信室 1 台 LFR7WL 分体式热泵空调机，以上室外机均设在右侧 75.7m 高程大风机房内。

（5）油罐室、空压机房、主厂房顶事故排烟，此三处设一个排风系统，含 1 台分布在右侧大风机房内的 BS-72N06A 防爆排风机及排风管系统。油罐室与空压机房分别另设排风支管，油罐室支风管设 1 只防火阀，以免火苗窜入相邻房间；两根支管在风机吸入口前合并一条分干管，设常开蝶阀 1 只，另设一根厂房顶排烟分管，内设常闭阀 1 只，在蝶阀后设三通，将上述分管汇合总管接入风机吸风口以使火灾后转换蝶阀，排除主厂房顶烟气。

（6）下游侧厂用变与开关室通风，在上游侧墙上设防火进风窗，下游侧墙上设 DZ-11、NO5A（N=720r/min、L=6000m^3/h）轴流风机 2 台。

（7）电梯机旁设 LFR7W 分体式空调机 DZ-11、NO3C（N=1450r/min，L=1600m^3/h）轴流风机个 1 台。

3. 气流组织与运行方式

原厂内采暖通风气流组织与运行方式如下：

（1）夏季与潮湿季节气流组织与运行方式。

上游侧副厂房主风机（下称 1# 风机）全开，油罐室、空压机旁排风机（下称 2# 风机）及变压器风机（下称 3#、4# 风机）开启。中央控制室、通信室与主厂房空调机投入运行。

气流组织是：从运输洞进入 92170m^3/h 风量至厂房大门外，其中 74000m^3/h 风量从专设风道进入下游侧风冷冷热水空调机室，供冷却空调机冷水器用；进入厂房大门的 18170m^3/h 风量，其中 12000m^3/h 通过下游侧变压器室侧墙上的防火进风口进入变压器室，再经对侧墙上的 3#、4# 风机、排入水泵室，气流流经水泵室进入风冷冷热水空调机室、汇同 74000m^3/h 冷却用风量，通过地下风道被上游 1# 风机吸入排至通向大坝的廊道；进入厂房大门的另外 6170m^3/h 风量、纵向流经发电机层进入上副油罐室、空压机房，由 2# 风机排入通向大坝廊道顶部的排风管至厂外大气。

通过以上运行，如发电机层相对湿度无法达到设计要求时，可开启两台除湿机。

（2）冬季。

发电机层：开启 1#、2# 风机，其中 1# 风机 1 档风量运行，气流从大门进入（风量在 17200 ~ 34900m^3/h 之间），纵向流经发电机层，由 1#、2# 风机排到厂外，此时要注意关闭地下风道阀门，开启 1# 风机房层房墙进风箱。如按上述运行发电机温度过低，可启发电机层空调系统转换为冬采暖工况运行，此时 1# 风机系统的有关风阀按夏季工况开阀，风机风量可以适当调小 3 档。

中控室、通信室：空调机转换成冬季工况运行。

（3）过渡季。

1# 机层墙风口开启，专用地下风道阀门关闭，1# ~ 4# 风机全开，厂房处于全排风的气流形成运行；中控室、通信室依据需要按夏季工况运行。

（4）电梯机房。

冬、夏季开空调机，过渡季开风机运行。

水电站现有的采暖通风设备运行良好，本次改造采暖通风系统维持现有方式不变，设备不必更新。

七、消防设计

1. 工程概况及其特征

谷坪水电站系主水利枢纽保安自备水电站，水电站装机 2×5MW，分布在主水利枢纽左岸，利用水利枢纽施工导流隧洞改建成引水式地下厂房。

本次改造主要内容有整体更换水轮机发电机组及其主要辅助设备、电气设备、金属结构设备改造及厂房整修。

水电站主厂房内装有两台卧式水轮发电机组，改造后维持原机组间距 13.00m 不变。厂房为地下厂房，主、副厂房尺寸为 67.7.50m×13.80m×21.8 m（长 × 宽 × 高）。经核算，机组安装高程维持 76.50m 不变。安装场分布在主厂房下游侧，与发电机层同高，地表高程为 75.70m。

副厂房分布在主厂房的上下游两端，上游副厂房长 15.2 m，共两层，下层与发电机层同高程 75.70m，分布有空压机室、风机室；上层高程为 80.80m，分布有中央控制室、通信室、值班室。下游副厂房 15.21m，共两层，下层与发电机层同高程 75.70m，分布有风机室、低压开关柜室、水泵及渗漏集水井、卫生间；上层高程为 80.80m，分布尾水闸。

主变压器分布在地表上，位于原左岸已完建的施工交通隧洞口上游 25m 公路侧面高程 98.2m 的平台上，设有 1.6 万 kVA 主变压器一台，平面尺寸为 6.6m×6.3m（长 × 宽），开关室面积 6.84m×6.3m。

2. 设计依据和要求

（1）设计依据。

本水电站消防设计按照国家有关规程规范执行。主要设计依据如下：

《中华人民共和国消防法》（2008 年修订）

《建筑灭火器配置设计规范》（GB 50140-2005）

《建筑设计防火规范（2008 年版）》（GB 50016-2014 ）

《水力发电厂机电设计规范》（DL/T 5186-2004 ）

《水电工程设计防火规范》（ GB 50872-2014 ）

《火灾自动报警系统设计规范》（GB 50116-2013）

（2）设计要求 。

消防系统的设计始终贯彻“预防为主，防消结合”的主题方针。考虑各设备、建筑物在规划、分布上的防火间距、事故排油、安全疏散以及化学灭火等各方面要求，并按火灾的耐火等级、危险性类别等进行设计。

通过设置消防设施及其他消防设计，保障一旦火灾发生时可以迅速扑灭或限制火灾扩散范围，将财产损失和人员伤亡减少到最低。

3. 消防总体设计

消防设计采取“以水灭火为主，化学灭火或其他灭火为辅”的消防总体方案。依据建筑物和设备分布的具体情况，消防总规划设计如下：

构筑物、建筑物的耐火等级类别和火灾危险划分、防火间距、消防设备设施等均应符合相关规程标准要求。

消防区内按规范要求统一规划畅通的安全通道和设置安全出口及其标识；水电站枢纽设置消防通道，消防车应能到达厂房安装间。

尽可能采取阻燃、难燃性材料为绝缘介质的电气设备，以防止和减少火灾的发生；动力电缆和控制电缆分层排列敷设；在电缆的一定部位设防火分隔设施；电缆穿墙、楼板等孔洞采取非燃烧材料封堵。

主、副厂房设置消火栓系统。

水轮发电机组与主变压器按规范可不设置固定式水喷雾灭火系统。

依据各主要生产场所的生产重要性和火灾危险程度，按《建筑灭火器配置设计规范》（GB 50140-2005）配置灭火器。

水电站设有机械排风兼排烟设施。

水电站按“无人值班（少人值守）”的要求设计。

本次改造仅更新灭火器，保留原消防管路及消火栓。

4. 消防设计

（1）各建筑物的火灾危险类别和耐火等级。

依据《建筑设计防火规范（2008 年版）》（GB 50016-2014）、《水电工程设计防火规范》（GB 50872-2014）的规定，谷坪水电站各主要建筑物火灾危险性类别见表 3-12。

表 3-12 谷坪水电站内火灾危险性类别及耐火等级划分

序号	主要建筑物名称	耐火等级	火灾危险性类别
1	主变压器	一	丙
2	电缆沟	一	丙
3	通信室、计算机室	一	丙
4	中央控制室、继电保护室	一	丙
5	主厂房及安装间	一	丁
6	空压机室	一	丁
7	开关柜室、厂变室、励磁变室	一	丁
8	液压启闭机室	一	丁
9	水泵室、风机室	一	戊

（2）厂区消防。

厂房各建（构）筑物和建筑物均采取钢筋混凝土框架填充墙结构或钢筋混凝土衬砌结构的非燃烧体，建筑物的主体耐火极限均已达到一级耐火等级。

主厂房安装场与发电机层和上下游副厂房底层同高程，副厂房上层均有楼梯直通下层。地下厂房对外交通设两条，一条设在主厂房下游侧墙(0+579m）的交通运输洞，长 59.31m；另一条设在主厂房上游端副厂房右侧墙（0+514m）的事故安全隧洞，长 63.86m。安全洞与大坝左排 2# 支洞连接，经大坝廊道通往地表。

为了确保防火安全，对易失火的重点场所及有特殊要求的部位设置防火分隔或防隔墙、防火门窗、安全疏散出口等。中央控制室、主副厂房及重要的通道均设有事故照明灯，并设置明显的疏散标志。

（3）各主要建筑物和机电设备的消防设计。

1）主机组段及安装场消防。

在主、副厂房内原设计分布有室内消火栓箱，可满足主机间及安装场及副厂房的消防需要。本次改造依据火灾危险性类别、建筑面积和消火栓分布情况，在发电机层设置 12 具 MF/ABC5 手提式磷酸铵盐灭火器。

2）上游副厂房消防。

上游副厂房共两层，下层与发电机层同高程 75.70m，分布有空压机室、风机室。在不改变原有消火栓的情况下，本次改造每个房间设置 4 具 MF/ABC5 手提式磷酸铵盐灭火器，共 12 具。

上游副厂房上层高程为 80.80m，分布有中央控制室、通信室、值班室。本次改造每个房间设置 4 具 MF/ABC5 手提式磷酸铵盐灭火器，共 12 具。

3）下游副厂房消防。

下游副厂房共两层，下层与发电机层同高程 75.70m，分布有风机室、低压开关柜室、水泵及渗漏集水井、卫生间。本次改造在风机室设置 4 具 MF/ABC5 手提式磷酸铵盐灭火器，低压开关柜室设置 4 具 MF/ABC5 手提式磷酸铵盐灭火器，水泵室设置两具 MF/ABC5 手提式磷酸铵盐灭火器，共 10 具。

下游副厂房上层为尾水闸室，本次改造设置 4 具 MF/ABC5 手提式磷酸铵盐灭火器。

4）主变压器消防。

本水电站仅一台主变压器，单独分布在厂外，位于原左岸已建完的施工交通隧洞口上游 25m 公路侧面高程 98.2m 的平台上，主变容量 1.6 万 kVA，变压器下面设置储油池，并铺设卵石层，以阻断油的燃烧，并设有事故排油坑。由于主变容量小，不考虑采取固定式灭火方式，仅考虑在主变附近设置 1 具 MFT/ABC50 推车式干粉灭火器，并在主变附近增设 1 具室外消火栓。

5）电缆及电缆沟消防。

谷坪水电站全部采取阻燃型电缆进行敷设。控制电缆及动力电缆采取分层敷设的方式，分支连接处设置阻火包进行阻隔，使用防火隔板对电缆桥架的上下层之间进行阻隔。站内配备两个防毒面具。每个电缆竖井门外设两具MF/ABC5手提式磷酸铵盐灭火器。电缆穿越开关柜的孔洞缝隙均采取防火泥进行封堵。

6）事故排烟。

本水电站采取机械通风与空气调节相结合的通风方式。当厂房内失火时，将厂房大门防火卷帘降至离地1.8m处挡烟雾，停止全厂通风空调系统，关闭2#风机吸入管上的蝶阀，开启房顶排烟分干管的蝶阀，再启动2#风机即可将烟雾排至厂外。

7）起重机及电梯消防。

在起重机驾驶室及电梯机房分别设置两具MF/ABC4手提式磷酸铵盐灭火器。

5. 水电站消防电源及配电系统

本水电站的正常照明电源来自厂用电400V母线，火灾发生后，正常照明电源被事故切断，此时应急和事故照明电源响应启动运行，保障火灾现场疏散标识供电，保障人员撤离路线。谷坪水电站设置有应急照明箱，电源取自水电站交直流屏盘柜中，应急照明电源在事故情况下自动切换到直流方式供电。谷坪水电站直流蓄电池连续供电时间可达6h以上。在谷坪水电站的计算机中控室、尾水闸门室、渗漏排水泵房、安装平台、主厂房等场所均设有事故照明，还有一套柴油发电机可随时启动供电、照明。

安全疏散标识及事故照明设备设置在主、副厂房各楼梯间及安全出口，疏散标志设置到通道距地表高度1m以下的墙面上，标识灯的间距不大于20m。

6. 火灾自动告警系统

谷坪水电站火灾告警系统采取海湾品牌集控火灾告警系统，由集控式火灾告警控制柜和布置在各测量点的火灾探测器组成。

集控式火灾告警控制柜布置在谷坪水电站计算机中控室内。其他火灾探测器按所需区域分布布置。

每个探测器的布置区域依据其面积大小标准以及可能发生火灾的类型的区别，分别布置不少于一个火灾探测器。依据不同需求选择热敏电缆火灾探测器、光电烟感探测器或者电子温感探测器。

火灾险情发生后，既可以通过预先布置好的各型号火灾探测器向控制柜发出告警信号，也可以通过按下现场附近预先布置的手动告警按钮发送告警信号。

7. 主要消防设备设计

谷坪水电站主要消防设备见表3-13。

表3-13　谷坪水电站主要消防设备

序号	消防设备名称	消防设备型号	消防设备单位	消防设备数量	备 注
1	手提式磷酸铵盐灭火器	MF/ABC4	具	6	
2	手提式磷酸铵盐灭火器	MF/ABC5	具	38	
3	推车式干粉灭火器	MFT/ABC50	具	1	
4	防毒面具		具	2	
5	防火堵料		t	5	
6	应急灯		盏	20	
7	室外消火栓	SS100	个	1	

八、施工组织设计

1. 施工条件

（1）工程概况。

谷坪水电站系主水利枢纽保安自备水电站，水电站装机2×5MW，分布在主水利枢纽左岸，利用水利枢纽施工导流隧洞改建成引水式地下厂房。

谷坪水电站安装 2 台 5MW 卧式水轮发电机组，总装机 10MW，最大引用流量 13.4m³/s，原设计年发电量 3000 万 kWh，利用小时数 3000h。水电站于 1994 年 12 月投产发电。经过 20 多年的发电运营，存在水轮发电机组长期不在最优工况运行，相应电气设备老化严重，效率降低，金属设备及结构锈蚀情况严重等问题。

（2）地理位置及对外交通。

谷坪水电站位于湖北省宜昌市长阳县土家族自治县境内，长阳县土家族自治县位于鄂西南山区、长江 — 清江中下游，东邻宜都，南交五峰土家族自治县，西毗恩施土家族苗族自治州的巴东县，北接秭归县和宜昌市。距长阳县城 9km，距宜昌 50km。

目前谷坪水电站有公路与外界相通，施工对外交通方便。

（3）水文气象条件。

清江处于鄂西暴风雨区，水量充沛。每年 6 月～9 月为汛期，径流量占全年的 75%。根据 1951—1985 年的 35 年资料，实测最大流量 18900m³/s，相应水利枢纽坝址水位 97.5m，最低流量 29m³/s，相应坝址水位 77.4m。坝址多年平均流量 390m³/s，多年径流量 123 亿 m³。

依据长阳县气象站统计，本地区多年平均气温 16.6℃。最高气温为 42.1℃（1991 年 8 月），最低气温 -12℃（1971 年 1 月）。

（4）水、电供应条件。

施工用电：施工电源接场内用电，电压为 380V，引线距离 500m。

施工用水：项目施工生产用水及生活用水从技术供水池中取水。

（5）建筑材料。

工程所需建筑材料主要为水泥、钢筋、钢材、木材、油料、砂石料等。由于现场混凝土用量较少，水泥、砂石料可到长阳县城购买，钢筋、钢材可到宜昌市购买，油料、木材在长阳县城购买。

（6）项目施工特点及主要工程量。

本项目施工点集中，工程区施工限制较少，适宜采取中小型机械作业，人工配合。

2. 施工导流

谷坪水电站增效改造工程主要是厂房水轮机、电气设备更换和厂房墙面。改造工程不受下游河道洪水影响。依据总体分布情况，不需要设置围堰，只需要将进口闸门及尾水闸门关闭即可进行施工，所以不需要填筑围堰。

3. 天然建筑材料

本工程混凝土用量较少，所需砂石骨料从长阳县购买，距离 9km，交通方便。

4. 主体项目施工

主体项目施工主要包括厂房墙面及地表整修处理、压力钢管防腐处理、水轮机组安装、电气及辅助设备安装。

（1）压力钢管防腐处理。

压力钢管防腐处理对于小面积的锈蚀部位可用角磨机抛光除锈，大面积的锈蚀部位必须喷砂除锈，涂装按设计要求除锈后涂刷。涂装采取高压无气喷涂。

（2）水轮机安装处理。

施工顺序为：水轮机拆除 → 水轮机安装 → 混凝土浇筑。

1）水轮机拆除。

从上至下分段拆除，先用气割或气刨枪分割，然后用桥机分别吊出，用 10t 载重汽车运至堆放场。待全部水轮机拆除完成后，清理施工现场。

2）水轮机安装。

水轮机主要由导水机构、转动部分、轴承、辅助设备组成，蜗壳等埋件以及电器辅助设备依据设计图或说明书进行埋设、安装。水轮机整体更新。

水轮机部件依据安装流程进行安装如图 3-1 所示。

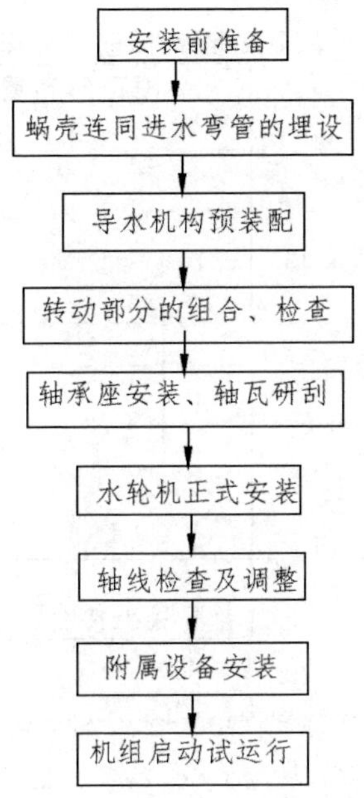

图 3-1　水轮机安装程序图

3）混凝土浇筑。

混凝土浇筑前进行接合面的处理，首先人工将老混凝土接合处全部凿除，混凝土表面应显露石子，然后分布砂浆锚杆，锚杆呈梅花形分布，最后浇筑新混凝土。

混凝土拌和机现场进行拌制，手推车或翻斗车等进行运输。在搬运过程中，要防止水泥浆流失、混凝土离析、生产初凝、坍落度变化等情况。

混凝土浇筑完毕后，应在 12h 以内加以覆盖，并浇水养护。新老混凝土接合处处理如图 3-2 所示。

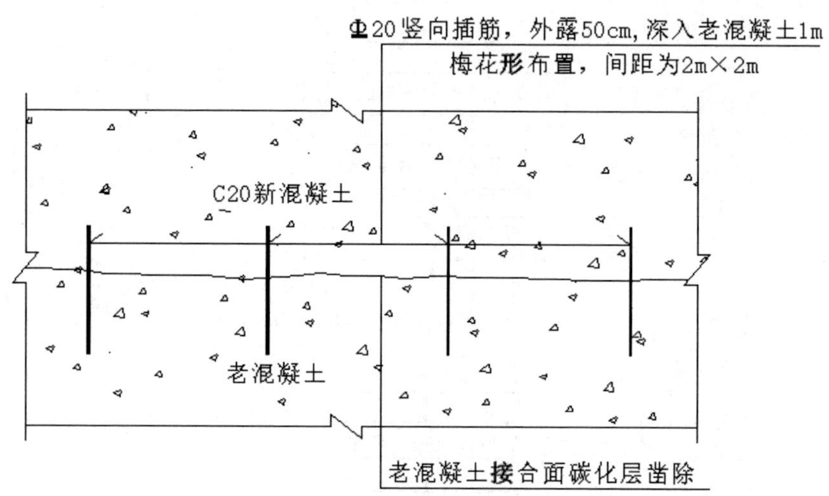

图 3-2 新老混凝土接合处处理图

（3）电气及辅助设备安装。

有关水轮发电机组的电气设备、辅助机械等安装，将依据水轮发电机组的安装进度同步穿插进行。

5. 施工交通

本工程主要外来物资为水泥、钢材、木材、油、设备等。外来物资主要由公路运输，工程区公路状况良好，完全能满足本工程项目建设所需材料的运输要求。

现已经有公路经过施工场地，进入厂房的交通运输洞和事故安全交通洞（兼作排风洞）能够满足施工要求。

6. 施工总分布

分布要求：合理安排各单项工程的施工顺序，特别是对各交叉、流水作业的安排，保障施工有序进行。

依据施工需要，本项目施工总体分布包括混凝土拌和系统、综合加工区域、弃渣场、生活区及施工管理区等。

（1）混凝土拌和系统。

本工程混凝土骨料采取砂石料，由于采购的砂石料场距项目施工点很近，故混凝土拌和系统内仅需配备一台小型 0.35m³ 移动拌和机。

（2）综合加工区域。

综合加工区域作业包括木材加工以及钢材加工，分布在厂房交通洞附近。

（3）弃渣场。

本工程弃渣量较少，现场不分布弃渣场，弃渣可直接运至长阳县专用弃渣场。

（4）生活区及施工管理区。

依据工程规模施工特点及施工控制总进度，施工高峰期施工人员总数 50 人，生活住宿均分散搭设工棚或租用地方民房。

项目施工设施和建筑占地表积见表 3-14。

表 3-14 项目施工设施和建筑占地表积

编号	项目名称	建筑面积 /m²	占地表积 /m²
1	混凝土拌和站	0	100
2	空压系统	50	100
3	综合加工厂	50	200
4	综合仓库	100	200
5	临时生活用房	100	300
合计		300	900

7. 施工总进度

（1）施工进度编制要求。

在设计施工进度规划时，主要依据以下要求：

1）对谷坪水电站建设工期安排的要求。

2）谷坪水电站为主水利枢纽工程的安保电源，所以，工程必须在汛前投产发电。

3）依据工程规模及建筑物施工特性，各主要工程项目施工宜选用小型机械设备为主。

4）尽量安排均衡生产，避免不合理的施工高峰，以减少动力高峰负荷及施工机械设备。

（2）施工节点进度安排。

依据谷坪水电站各设备结构型式、分布特点及施工条件研究后，筹建期为9个月，从第1年1月至9月，主要进行机组及电气设备的招标、制作。为了不影响汛期供电，施工安排在枯水期进行。

开工日期定为第1年10月初，第2年4月底完工，总工期7个月。其中工程准备期1个月，主体工程工期5个月，工程完建期1个月。

第1年10月，为工程准备期；主要完成水、电接入，临时房屋和施工工厂设施建设等。

第1年11月至第2年3月底，5个月为主体项目施工期。第1年11月、12月主要进行原机组和电气设备拆除和主、副厂房墙面、地表进行整修。第2年1月至第2年3月底，进行机电设备改造安装和电气设备安装，期间进行对进水口检修闸门、事故工作闸门及拦污栅进行安全检测并对压力钢管进行整体防腐处理。至第2年3月底第一台机组具备发电条件。第2年4月底第二台机组发电，完建工期1个月。

（3）主要技术供应。

本工程主体项目施工主要设备见表3-15。

表3-15　主要施工机械设备

序号	设备名称	型 号	单 位	数 量
1	装载机	$3m^3$	台	2
2	自卸汽车	8～10t	辆	5
3	潜水泵	5kW	台	3
4	手风钻	01-30	台	4
5	混凝土搅拌机	JS350	台	1
6	振捣棒	插入式	台	3
7	胶轮车		台	5
8	修钎机	IR-50	台	1
9	弯筋机	WJ40-1	台	1

续表

序号	设备名称	型 号	单 位	数 量
10	钢筋加工机械		套	1
11	木材加工机械		套	1
12	电焊机	B×-500、32kVA	台	1
13	电焊机	A×-500、26kVA	台	1
14	汽车起重机	25t	台	1

九、水库淹没处理及工程永久占地

1. 水库淹没及移民安置

本工程为增效改造工程，水电站及水库无新增工程任务，水库已通过安全鉴定，所以，水库不存在新的水库淹没问题，亦不存在移民安置问题。

2. 工程永久占地

征地补偿费用标准依据鄂政发〔2009〕46号文，具体如下：

（1）征收土地补偿标准。

1）耕地：20900元/亩（征地补偿标准为年产值1100元/亩的18倍，青苗补偿为统一标准的1倍）。

2）园地：补偿标准修正系数取1.1，为22880元/亩（征地补偿标准为产值1210元/亩的18倍，青苗补偿为统一标准的1倍）。

3）林地：补偿标准修正系数取0.7，为14960元/亩（征地补偿标准为年产值770元/亩的18倍，青苗补偿为统一标准的1倍）。

4）未利用地：补偿标准修正系数取0.3，为7040元/亩（征地补偿标准为年产值330元/亩的18倍，青苗补偿为统一标准的1倍）。

（2）征用土地补偿标准。

1）施工便道。

对便道需保留的土地按地类给农户支付安置补助费、青苗补偿或林木补偿，地上附着物据实补偿，不支付村集体土地补偿，土地所有权仍属村集体所有。

对便道不需保留的土地给农户支付青苗补偿或林木补偿，地上附着物据实补偿，工程结束后业主恢复。

原已形成的公路不予补偿。

2）其他征用土地（含打、占、压用地）。

按用地时间计算占地补偿，耕园地占 1 年补偿征地年产值的 1 倍，地上附着物据实补偿；林地按两年补偿一次林木补偿，不再登记地上附着物和林下种植；工程结束后由业主恢复。

耕园地、建设用地占地补偿按 1 年补偿征地年产值的 1 倍计算，地上附着物据实登记补偿，工程结束后由业主恢复成耕地。

林地占地补偿按两年补偿一次林木补偿计算（2200 元 / 亩），工程结束后由业主恢复。

生态退耕还林地（林业部门认定）占地补偿按用材林标准计算，工程结束后由业主恢复。

（3）地上附着物补偿。

1）征收地上附着物补偿标准参照有关文件执行。

2）零星经济林木补偿只针对耕园地中经济林木，林地不再补偿林中经济林木和林下种植经济作物。

3）耕园地中经济作物定植苗木数量椪柑每亩不超过 120 棵，柚子、柑橘、橙子类每亩不超过 80 棵，板栗、核桃、桃子、李子、梨子类每亩不超过 60 株，木瓜类每亩不超过 150 株。超过的部分视为假值苗。

4）征地期间（自征地公告之日起）抢栽、抢种、抢插、抢建的各类经济林木、地上附着物和构（建）筑物一律不予补偿。

（4）有关税费。

1）耕地占用税。

依据《湖北省耕地占用税适用税额标准》（鄂财税发〔2008〕8 号），税额标准为 20 元 /m^2。

2）耕地开垦费计算。

依据鄂政发〔1999〕52 号文件《湖北省耕地开发专项资金征收和使用管理办法》，耕地开垦费为土地补偿总额的 1 倍，如果使用耕地处于基本农田保护区内，以土地补偿总额的 2 倍作为耕地开垦费。

3）土地征用管理费。

按湖北省财政厅、湖北省物价局发布的《关于发布省土地管理系统行政事业性收费项目及标准的通知》，一次性上用耕地 100 亩以下的土地按土地补偿总投资的 3.1% 征用管理费。

4）森林植被恢复费。

依据国家财政部、国家林业局签发的《森林植被恢复费征收使用管理暂行办法》（财综〔2002〕73 号）的相关要求，森林植被恢复费用收费标准如下：使用宜林地、采伐迹地、火烧迹地，每平方米收取 2 元；使用灌木林、疏林地，每平方米收取 3 元；使用未成林造林，每平方米收取 4 元；使用苗圃地、材林、薪炭林、经济林，每平方米收取 6 元；使用特种用途林或者防护林林地，每平方米收取 8 元；使用国家重点防护林或者特种用途林地，每平方米收取 10 元。

谷坪水电站改造主要针对厂内机组及机电设备更新和厂房维修，经现场调查，项目施工均处于原水电站的管理占地范围内，不产生新增永久占地问题，所以，本次改造工程不存在新增的永久占地问题。

由于水电站整个厂区占地大，足以满足各项用地要求，施工期间产生的临时占地问题均可在管理范围内解决，所以，不考虑施工临时占地问题。

十、环境保护及水土维持

1. 环境影响评价

（1）设计依据。

1）《建设环境保护管理条例》（国务院第 253 号令）

2）《小型水电站初步设计报告编制规程》（SL/T 179-2019）

3）《污水综合排放标准》（GB 8978-1996）

4）《环境空气质量标准》（GB 3095-2012）

5）《建筑施工场界环境噪声排放标准》(GB 12523-2011)

6）《小型水力发电站设计规范》（GB 50071-2014）

7）《大气污染物综合排放标准》（GB 16297-1996）

（2）工程建设产生的主要环境保护问题。

谷坪水电站建设期间，增效改造工程主要占地是河岸左护，施工工作均会对施工周边区域的植被造成不等程度的破坏，但本次施工地点不触及珍稀植物或者天然林等，所以对天然野生物种的生存与繁衍无影响，也不会对林保护区或者其他珍稀植物造成影响。随着项目实施的开展，机械以及人员活动等噪声将直接影响谷坪水电站周边陆生动物，可能导致动物主动向新的环境迁移，造成兽类、鸟类等动物的栖息地相对减小，这种不利因素造成的范围较小。待谷坪水电站施工结束后，将逐渐恢复原有生态。

谷坪水电站位于主水利枢纽左岸，本次主要改造水轮发电机组、金属结构及部分老旧电气设备，工程量较小。改造工程由输水管道（包括进水口段、明敷钢管斜段、钢管隧洞段、水平段、岔管，1#、2# 支管），地下厂房（包括主厂房、副厂房、安装场），尾水渠（涵），进厂交通隧洞，地表开关站和对外交通公路等建筑物组成，建设过程中可能产生的环保问题主要包括：

1）实施过程中产生的施工废水。施工废水来源主要是机械设备冲洗用水、砂石料冲洗用水等。施工废水中的主要环境污染物是固体颗粒悬浮物，若将施工废水直接排入河道，会对水质产生一定的影响，使水体的浑浊度变大。

2）施工噪声主要来自施工机械及汽车运输，由于施工主要部位集中在地下厂房内，对周围环境不会产生明显危害，仅对施工人员产生不利影响。

3）施工期产生的废气污染主要来自水轮机蜗壳基础混凝土拆除时产生的扬尘，对施工人员有一定影响。

4）施工期间设备材料的运输将加重地方交通的负荷量。

（3）工程建设对环境影响的评价结论。

谷坪增效改造的主要项目为水轮发电机组和电气设备，改造部分施工主要集中在地下厂房内，所以增效改造项目的实施对环境几乎没有影响。

2. 环境保护措施

（1）生态环境保护。

1）按照《长阳县天然林资源保护工程实施方案》中的相关条款和标准的要求，必须做到渣场的覆土还林和后期周边的绿化工作，相关工作具体由施工建设单位实施，做好水电站周边的水土维持规划，长阳县林业局负责监督。

2）在临时居住区、谷坪水电站施工区范围内竖立防火警示牌，按标准、按要求规划出消防队伍及设施的建设，搞好巡回检查，圈定可生火范围等，由施工建设单位组织负责实施及监督管理。

3）加强施工人员的相关教育培训，加强《中华人民共和国野生动物保护法》的宣贯与考核，禁止捕捉野生动物，禁止施工方人员捕杀施工周边栖息的爬行动物和两栖动物。

4）合理进行施工工作时间管理与安排，爆破、高噪声施工作业等工作宜主要安排在白天进行。

5）减少爆破、高噪声施工作业对野生动物的伤害。应按要求做好爆破的数量、方式以及时间计划安排，由施工建设单位负责实施。本项目不涉及爆破相关作业。

（2）水环境保护。

1）保护目标。

工程区执行《地表水环境质量标准》（GB 3838-2002）的Ⅲ类标准，污水排放执行《污水综合排放标准》（GB 8978-1996）中的二级标准，《农田灌溉水质标准》（GB 5084-2005）中的一类标准。

2）保护设计。

砂石料加工厂采取滤池加细砂回收的方式进行废水处理，将砂石加工厂产生的废水引导进入长 10m、宽 10m、深 5m 废水调节池内，由专用泵将废水引导至细砂回收处理设备，回收 80% 大于 0.035mm 的细砂。废水经絮凝过滤处理后导流进入回用系统。两套滤池轮流使用，废水沉淀产生的泥浆在间歇期间通过自然蒸发脱水后，由施工方组织人员挖出，运至最近的渣场进行处理。

3）混凝土拌废水处置措施。

混凝土拌废水具有来水量小、间隔性排放的特点，采取统一形式用于各个系统，建设规范的矩形处理池，每次班末的冲洗废水导流进入矩形处理池中，静置使其沉淀，直至下一次班末回用，需要达 6h 以上沉淀时间。

4）住宿生活污水处理。

施工住宿生活区内需要设计安装一套生活污水处理设备作为配备。

5）用于维修系统的含油污水处置措施。

设计安装一套含油废水处理成套设备作为配备进行含油污水处置。

6）水生生物保护处置措施。

本次项目的施工区域地处于河岸边，项目实施过程中，应严禁施工人员进行捕鱼活动。施工期间应主动保障河道畅通，不得以任何形式占用河道。

综上，一切废水均严禁不经过处理直接排入河流中。生活用水接入乡镇自来水系统，施工生产用水采取水泵抽自小溪。

3. 固体废弃物环境保护

（1）生活垃圾处置方式。

项目实施过程中在施工现场设立固定地点的废料处，集中施工时产生的施工废弃物，因谷坪水电站无地方职能部门进行及时清运，需由施工方自行定期清运；施工作业人员的生活垃圾要集中处理，禁止遗弃于野外，因谷坪水电站无法依托地方部门清运，需由施工方自行定期清运至卫生填埋场。施工现场使用既有的厕所，粪便通过化粪池进行处理。施工区配备多个垃圾桶用于各类垃圾的集中与清运。

（2）工程渣土处置方式。

项目施工渣土尽可能回收再利用，尽量减小渣场占地表积。项目施工过程中因开挖产生的土石方应尽量回收再利用，对无法回收再利用的剩余渣土，由施工方运至就近的渣场处置。

（3）其他固体废物的处置方式。

对项目施工过程中安装产生的防腐材料残渣、部分焊渣应及时集中搜集，运送至专业回收站处置。

（4）固体废物处置周边环境要求。

1）生活用水就近选取合格水质的水源进行引接，保障好人群健康，保护生活饮用水。

2）垃圾分类集中放置，在办公、生活区内设置垃圾桶，由施工方委托地方环卫部门或者自行定期清运。

3）食品卫生安全监督及管理。加强对项目施工期间的监督及管理。由于本项目周边无餐饮行业门店，餐饮均由施工方自行解决，故重点对接触食品的操作人员实行监督。一旦发现食物中毒事件应立即采取有效措施，及时送至医院救治。

4）卫生防疫监督及管理。按《全国计划免疫工作条例》有关要求，对全体施工人员采取预防性免疫处置措施。施工人员进场前均需要通过卫生检疫处置措施。若发现新病种，应及时送至医院救治。

5）项目施工开工前，由施工方进行场地平整工作，期间同期进行对办公生活区的卫生清理工作；项目施工过程中在办公生活区之间开展灭蝇、灭鼠、灭蟑及灭蚊等处置措施，切断其传播途径，减少媒介性传染疾病的发生可能性。重点针对既有的畜圈、厕所、垃圾集中处等地点进行消毒处置措施。

4. 水土保持

（1）水土保持方案编制的要求。

按照《中华人民共和国水土保持法实施条例》《中华人民共和国水土保持法》等法规条例的相关要求，坚决贯彻以“预防为主，全面规划，综合防治，因地制宜，加强管理，注重实效”的水土维持规划政策，依据与主体工程同时设计、同时施工、同时验收的原则要求，有步骤、有计划地进行，尽量减少对原有植被的破坏，依据“因地制宜，因害设防”的原则，布设各项水土保持处置措施，坚决做到工程措施、草林措施结合处置。

（2）水土保持措施的防治对象。

1）对本项目施工区域内的原有水土流失积极做好处置措施。

2)因本项目开发建设形成的裸露区域，应恢复林草植被。针对采挖、填方、排弃渣等场地进行土地整治及护坡处置措施。

3）项目施工产生的废弃渣土须有专用存放区域，并采取挡渣墙等处置措施。

4）项目施工过程中须采取积极的处置措施进行水土资源保护，并减少对植被的破坏。

5）水土保持措施。本增效改造工程不涉及水土保持工程。

十一、工程管理

1. 管理机构

水电站具有完整的管理机构，其法人统一管理人事、财务、生产技术等工作，设备及建筑物日常运行维护由水电站负责。

2. 管理办法

（1）工程管理范围与保护范围。

谷坪水电站作为主水利枢纽的保安自备电源水电站，其工程管理范围与保护范围统一在主水利枢纽工程管理范围内。

（2）工程管理办法。

1）本工程管理运用的要求。

在确保工程安全的前提下，充分发挥发电效益；有计划地开发利用管理范围内的水资源，保护水资源不受污染；有计划地绿化管理区，保护生态环境。

2）工程监测。

应对主要建筑物的监测进行规划布设，定期监测，巡视检查，日常观测及资料分析，定期进行安全评估以及检测系统的日常维护等工作，及时掌握工程的安全性。

对水电站厂区等主要建筑物应定期和不定期巡视检查，在施工期、运行期制订切实可行的巡视检查制度。

3）建筑物管理。

建立工程运用管理制度，做好工程的控制运用工作，确保各建筑物的设备、设施的安全，充分发挥工程的效益，保障工程开发任务的全面实现，所以，应统一规划，制定一套有效的管理制度。

对工程建筑物（设备、设施）进行检查、观测，切实掌握其工作动态，正确使用。

对工程建筑物（设备、设施）及时养护，维修、更换设备，消除工程缺陷和隐患。

3. 劳动安全与工业卫生

（1）设计依据。

《中华人民共和国劳动法》（1995.1.1 实施）

《建设项目（工程）劳动安全卫生监察规定》

《水利水电工程劳动安全与工业卫生设计规范》（GB 50706-2011）

《工业企业设计卫生标准》（GBZ 1-2010）

《水利水电工程采暖通风与空气调节设计规范》（SL 490-2010）

《工业建筑防腐蚀设计规范》（GB/T 50046-2018）

《工业企业噪声测量规范》（GBJ 122-1988）

《起重机械安全规程 第 1 部分：总则》（GB 6067.1-2010）

《特低电压（ELV）限值》（GB/T 3805-2008)

《高压配电装置设计规范》（DL/T 5352-2018）

《3～110kV 高压配电装置设计规范》（GB 50060-2008）

《压力容器 第 1 部分：通用要求》（GB 150.1-2011）

《水电工程设计防火规范》（GB 50872-2014）

《建设项目（工程）职业安全卫生设施和技术措施验收办法》（劳安字〔1992〕1 号文）

（2）劳动安全。

1）水电站的压力容器选型设计应按现行的《压力容器安全技术监察规程》的相关要求进行。

2）压力气罐、压力油罐应设置泄压设备。泄压出口应避开运行工作人员巡视路线。

3）压力容器防静电设计应符合下列要求：在工作区域设置专用的移动式油处理设备临时接地点；工作区域内的电气接地设施与防静电接地设施进行共用；水电站配套的油处理室、油罐室的所辖油处理设备、油存储罐、输油管路和通风设备均需要进行接地处置措施。

（3）防电气伤害处置措施。

1）配电设备的电气安全距离设计应符合《3～110kV 高压配电装置设计规范》（GB 50060-2008）的相关要求及规定。当裸露导体与地表的电气安全净距离不满足规范要求时，应设置不低于 IP2X 防护等级的保护网设备。

2）针对 35kV 及以下的断路器及隔离开关，在机构操作处应设置宽度不宜小于 50cm，高度不宜低于 1.9m 的防护隔板。

3）电气设备的安全防护围栏应满足的要求如下：

所有围栏的进出口均需要安装锁，并设置醒目的安全标识。

网状围栏的安装高度为 1.7m，其网孔尺寸为 10mm×40mm。

栅状围栏的栏杆最低点距离地表的净距离应不大于 20cm，安装高度为 1.2m。

4）将隔离电器装设在配电箱的进线侧或者远离电源的负荷点。

5）设置机械联锁设备或者电气联锁设备，用于防范误操作以及可能带来的人身触电或伤害事故。

6）对于最大感应电压超过 50V 的封闭母线外壳、单芯电缆的金属护层以及其他有可能产生感应电压的设备外壳均应采取相应的防护处置措施。

7）照明设备应符合相关规程规定：当照明设备安装高度低于 2.4m 时，若照明设备的工作电压超过了《特低电压（ELV）限值》标准所规定的限制值时，应设计防止触电的防护处置措施。维护使用的携带式工作灯也应符合《特低电压（ELV）限值》规定的相关要求。

8）电气设备的钢构架及外壳的运行温度相关要求如下：

运行工作人员常规操作中不需要触及的部位，当该部位材料为非金属时，该部位的最高限制温度为 90℃，并应当设置明显的安全防护标识；当该部位材料为金属时，该部位的最高限制温度为 80℃。运行人员经常接触但非手握的部位，当该部位材料为非金属时，该部位的最高限制温度为 80℃；当该部位材料为金属时，该部位的最高限制温度为 70℃。

（4）防止机械、防止坠落伤害。

1）水电站建筑物中所有的通气孔、调压井均应设置安全防护栏杆或安全钢筋网孔盖板在其孔口上，网孔要求能够有效防止人脚陷入。

2）坠落高度超过 2m 的工作平台、通道均应在坠落侧加装固定式安全防护栏杆。在孔口上设置的盖板应能承受每平方米 2000N 以上的均布荷载。

3）维护时可能坠落高度超过 2m 的孔洞，均应该加装固定式临时安全防护栏杆等有效的处置措施。

4）起重机、启闭机应进行定检，所使用的滑轮、吊钩、钢丝绳等设备应符合《起重机械安全规程》的相关要求。

5）固定式钢直梯或钢斜梯在设计时均应满足电气安全距离等环境因素的影响，充分保障劳动者的人身安全。楼梯、钢梯、平台均设防滑条以防止人员滑倒。

（5）防洪、防水淹厂房。

1）谷坪水电站上游水库的蓄水与泄洪工作直接关系到长阳县上、下游人民的生命财产安全。通过加装相关设备设施，可以及时掌握水情，加强对水库上游水位、上游来水流量、下游水位、下游出库流量及库区雨量等信息的监视与分析。一旦出现异常的水情情况，应立即采取相应应急处置措施，极力避免造成下游县城人民的人员伤亡和财产损失。

2）主水利枢纽的大坝泄水建筑物为采取表孔、深孔综合泄洪的控制管理方式。在汛期来临之时，应加强防洪综合调度，及时按照长江防总的相关要求下泄洪水，确保水利枢纽工程和下游人民生命财产安全。

3）厂坝区地表均设有排水沟，以便及时把地表积水排出区外。另外，水电站建筑物向外部的通道、电缆沟、孔洞、管道的出口位置设计均需要考虑到防止洪水倒淹厂房，其出口均须高于厂房校核洪水位。

4. 工业卫生

（1）防噪声及防振动。

1）工作场所的噪声测量应符合《工业企业噪声测量规范》的相关要求；设备本身的噪声应符合相应设备噪声管理规范的有关标准的要求。

2）水电站增效改造工程所辖通用工作场所的噪声管理，宜符合表 3-16 所列噪声 A 声级限制的相关要求。

3）空压机、高压风机室、机组的盖板、进人门、励磁室、控制室和主要办公场所均应设有减振、消声设施。

表 3-16 水利水电工程各类工作场所的噪声限制值（A 声级）

<table>
<tr><th>序号</th><th colspan="3">地 点 分 类</th><th>噪声限值 /dB</th></tr>
<tr><td>1</td><td colspan="3">夜班值班人员工作及休息间（室内背景噪声级）</td><td>55</td></tr>
<tr><td rowspan="2">2</td><td rowspan="2">集中控制室和主要办公专场（室内背景噪声级）</td><td rowspan="2">（1）中央控制室，开关站集中控制间，通信值班间，计算机房；
（2）升船机、泄水闸、船闸、冲沙闸集中控制间；
（3）生产管理楼办公室、会议间、试验间</td><td>在机组段内</td><td>70</td></tr>
<tr><td>在机组段外</td><td>60</td></tr>
<tr><td>3</td><td>普通控制室和相关房间（室内背景噪声级）</td><td colspan="2">（1）机组控制间，消防控制间，深孔、底孔控制间；
（2）配电柜间，继电保护屏间，直流柜间，通信设备间；
（3）电气试验间，电气检修间；
（4）修配厂所属办公室，试验间，会议间</td><td>70</td></tr>
<tr><td>4</td><td>主要作业场所和设备房间</td><td colspan="2">（1）发电机（水电站机组）层，水轮机层，蜗壳层；
（2）启闭机室，充泄水阀门室；
（3）变压器间，电抗器间，励磁间；
（4）空压机间，风机间，水泵房，空调制冷设备室；
（5）机修间，油处理间，修配厂车间</td><td>85
（每日持续接触噪声 8h）</td></tr>
<tr><td colspan="5">注：1. 增效改造项目所辖场所中未列入的区域可参考相类似的区域选取噪声限制值。
2. 对于现场工作人员每日接触噪声不足 8h 的区域，可依据接触噪声的实际时间进行调整。
3. 表内所注的室内背景噪声级，是指在室内无发声声源的情况下，经由门、窗、墙等，从室外传入室内的平均噪声级</td></tr>
</table>

（2）温度与湿度控制。

1）水利水电工程各类工作场所的夏季、冬季室内空气参数应符合《水力发电厂厂房采暖通风与空气调节设计规程》的相关要求。

2）水力发电站厂房的水轮机层、蜗壳层、主阀室等水下部位采取以排湿为主的通风方式。

（3）采光与照明。

水电站是地下厂房，对照明要求较高。需按照水力发电站照明设计有关标准的规定，对各类工作场所的照明应高于最低照度标准，营造良好的工作作业环境。

（4）防污、防尘、防毒、防腐蚀。

1）厂房范围内配电设备室地表设计宜采取地表砖，定期清理防止灰尘沉积。

2）厂内设备支撑构件、气管、油管、水管以及风管宜依据环境的不同采取经济合理的防腐蚀现场处置措施。除锈、镀锌、喷塑、涂漆等防腐处置措施工艺应符合相关标准的要求。

3）机械通风系统的进风口位置不能设在排风口的下风侧，应设置在厂房外部空气相对洁净处。

4）绝缘油罐的挡油槛内的沉积油、变压器事故油坑沉积油等，需按相关规定进行现场处置后才能排入地表水体。

5）厂内水轮发电机的刹车制动设备应设置有效的防止尘埃扩散的装置。

6）储存卤化物以及二氧化碳灭火材料的室内，应设计选取机械通风的方式，在易发生火灾的部位应设置事故排烟的现场处置设施。

（5）防电磁辐射。

由于超高压电场对人体有一定的影响，在配电设备周边通常为运行工作人员巡回检查和现地操作地点，一般工作时间较短，所以本设计规定在配电，设备周围的电场强度无法大于 10kV/m。

5. 安全卫生设施

（1）辅助用室。

1）本工程依据《工业企业设计卫生标准》的分级为分 4 级，所以厂房内不设置专用存衣室，在中控室设置存衣柜来存放工作服。

2）在水电站厂房内设置 1 公共厕所，厕所污水经过化粪池处理后排入下游河道。

（2）安全卫生管理机构及配置。

1）依据当前增效改造施工水电站的工程规模及职工人数进行综合考虑，不必要专门设置安全卫生管理机构，平日的相关工作由生产部门兼管负责，设一名兼职安全卫生管理员。

2）依据当前增效改造施工水电站的工程特点，在站内配置温度计、声级计等监视测量设备以及安全宣传栏板，还配备拖把、消毒液、喷雾器、防蛇灭鼠工具等用品，由水电站管理单位部门定期对厂房、逃生通道、集控室和周围环境进行清洁、消杀和防蛇灭鼠等工作。加强对相关管理人员的安全卫生的教育和宣传，并配发安全卫生管理手册。

十二、节能设计

1. 设计依据

《中国节能技术政策大纲》

《公共建筑节能设计标准》（GB 50189-2015）

《国家发展改革委关于加强固定资产投资项目节能评估和审查工作的通知》

《水利水电工程节能设计规范》（GB/ T 50649-2011）

国家有关部委颁布的节能政策、法规、条例。

2. 主要节能降耗措施

（1）机电设备选型及辅助设备系统设计。

1）水轮发电机组。

谷坪水电站总装机 10MW，装机 2 台（2×5MW）。为有效地进行节能降耗，提升增效改造水电站的运营效率及经济性，在机电设备选型方面积极做好以下处置措施：

①依据增效改造水电站的运行水头范围和特点，选用效率高、高效区广、稳定性能好的转轮。

②要求厂家模型水轮机的最高效率不低于 94%。

③机组所有冷却器均采取热交换效率高的材料，并采取有效措施防止水生物附着，以减少冷却水量，达到节水节能目的。

④主阀及调速器系统油压设备油泵采取效率高的优质产品进行选型。

2）辅助设备。

谷坪水电站所辖辅助设备系统主要包括如下几个部分：一是通风系统；二是排水系统；三是技术供水系统；四是维护工作所需的设备，包括起重设备等。为积极节能降耗，在辅助设备系统设计中采取下列措施：

①本站技术供水系统采取自流减压取水方式。

②水电站检修排水系统和厂房渗漏排水系统均选用效率高于 80% 且高效率区广的水泵。机组维护工期的管理安排在枯水期进行维护检修，以减少厂内渗漏排水水泵扬程，减少厂用电率。

③本次增效改造对原气系统设备不做变更。

主厂房装设 1 台 15t/3t 的电动双梁桥式起重机，现场管理过程中，宜依据不同被起吊物品重量选择使用适宜的起重机构。桥机的起重机构和行车机构均使用高功效的电动机设备，减少厂用电率。

3）电气设备。

电缆的选择应严格按照运营的经济性来规划设计，减少厂用电率。

变压器选用应采用高效、低损耗的变压器型号，以减少日常水电站运营中的厂用电率。

电力设备选择依据水电站电气主接线方案，主变压器额定容量为 16000kVA，额定电压为 38.5±2×2.5%/6.3kV，主变压器为 S11 型，三相双绕组自冷式低损耗升压型电力变压器。本水电站采取较新的 11 型常规短路阻抗的主变压器，主变压器的损耗指标较低。站用变压器均选用 SC11 系列低损耗变压器。

4）照明设计。

厂房内的照明设计应当做到最小范围的照明管理方式，考虑到地下厂房的特点，依据厂房各场所对照明的要求，合理设计照明设备。选用配光合理、安全等级高、光效好、显色性优良的灯具及光源设备，实现水电站内的节能环保照明。

厂房内各工作区域的照度应符合《小型水电发电站设计规范》（GB 50071-2014）及《建筑照明设计标准》（GB 50034-2013）有关设计要求。

十三、工程设计成果概况

谷坪水电站安装两台 5MW 卧式水轮发电机组，总装机 10MW，最大引用流量 13.4m³/s，原设计年发电量 3000 万 kWh，利用小时数 3000h。水电站于 1994 年 12 月投产发电。依据《财政部、水利部关于继续实施农村水电增效扩容改造的通知》（财建〔2016〕27 号）有关要求，进行水电站整效扩容改造。本次增效扩容改造工程实施后，水电站维持机装机容量 10MW，引用流量为 11.5 m³/s，设计年平均发电量 2853 万 kWh，年利用小时数 2853h。谷坪水电站增效扩容改造后年发电量由 2355 万 kWh（近 8 年来谷坪年平均发电量）提升到 2853 万 kWh，增效潜力达 21.15%。改造成果对比见表 3-17。

表 3-17　改造成果对比

装机容量 /MW	改造前				改造后	
10	设计年发电量 /kWh	年利用小时数 /h	近 8 年平均年发电量 /kWh	近 8 年年利用小时数 h	设计发电量 /kWh	年利用小时数 /h
	3000	3000	2355	2355	2853	2853

第四章　机电设计与选型

第一节　机械部分设计与选型

水电站实现能量转换的关键设备是水轮发电机组，由发电机、水轮机、轴系组成动力设备，并由支撑结构将其固定到水电站的厂房基础上。

在小型水电站的增效扩容改造中，很少采取修型改造的方式，普遍都包括对水轮机转轮的设备改造，且多数都选择为转轮整体更换改造。小型水轮发电机组的改造大多采取现有技术，对机组基本参数相互接近的机型进行“套用”。对于小型水电站的水轮机改造来说，针对水电站条件开发完全适合的新型水轮机转轮需要经过 CFD 计算分析全模拟水轮机开发及模型试验等，改造费用高、周期长，很少采取。比较经济、通用的方法是，在设备生产厂家已经开发及拥有其他水电站应用实例的水轮机转轮中，挑选模型试验和待改造小型水电站性能相对一致、参数对比接近的转轮应用于增效改造。

一、谷坪水电站 5MW 水轮机选型

谷坪水电站水头指标见表 4-1。

表 4-1　谷坪水电站水头指标

	原指标	增效指标
最大水头	121.50m	121.50m
最低水头	72.00m	72.00m
额定水头	90.00 m	101.00m

1. 谷坪水电站水轮机型式选择

谷坪水电站既有水轮发电机组采取卧式混流式机组形式，水头范围是 72 ~ 121.5m 之间，依据《农村水电增效扩容改造项目初步设计指导意见》，为了节约改造成本，继续使用水电站现有厂房水工部分及引水结构，本次谷坪水电站增效改造项目实施过程中，仍然沿用卧式混流式水轮机的型式。

2. 模型水轮机的选择

谷坪水电站额定水头是 101m，大部分时间运行在 90 ~ 110m 高水头段附近，水头范围 72 ~ 121.5m。在设计选用模型水轮机转轮时，应依据谷坪水电站的既有设备条件，选择水头段高、汽蚀性能优、效率好、转动稳定性强、在其他小型水电站有成熟应用的转轮型号。因为本次实施的增效改造项目在地下厂房安装，本次增效改造项目设计中不改变机组转速参数，以避免水轮发电机组运行时产生的大量噪声。依据现有市场上的模型转轮资料以及咨询水轮机厂家得到的推荐方案，适宜谷坪水电站的水轮机模型转轮型号汇总情况见表 4-2。

表 4-2　适宜谷坪水电站的模型转轮参数汇总

模型转轮型号	最高应用水头	限制工况下					最优工况下			
		$Q1$ / (m³/s)	σ	$n1R$ / (r/min)	ns mKw	η /%	$Q10$ / (m³/s)	σ	$\eta 0$ /%	$n10$ / (r/min)
模型转轮 A630-36	150m	0.950	0.090	116.9	208.5	91.5	0.770	0.055	94.70	72.0
模型转轮 A696-36	150m	0.900	0.090	121.2	204.4	91.4	0.754	0.060	93.70	72.0
模型转轮 A678-37	180m	0.800	0.080	130.9	189.9	90.0	0.675	0.050	93.60	71.5
模型转轮 A855-34.7	150m	0.740	0.060	129.1	184.0	93.0	0.580	0.030	95.10	67.5
模型转轮 A497-35	150m	0.840	0.070	121.2	184.0	90.4	0.700	0.050	92.80	67.4
模型转轮 A575c-50	200m	0.572	0.065	121.0	149.0	90.7	0.462	0.045	93.56	66.1
模型转轮 JF2504-35	140m	0.957	0.084	123.8	205.0	88.0	0.745	0.055	93.04	71.3
模型转轮 JF2052-35	190m	0.797	0.060	114.0	179.2	88.0	0.620	0.030	94.60	68.4

表 4-2 中的模型转轮均在其他小型水电站有使用经验。经计算，模型转轮 A497-35、模型转轮 A575c-50、模型转轮 A630-36、模型转轮 A678-37、模型转轮 A696-36 以及模型转轮 JF2504-35 均偏离了最优运行区间。而模型转轮 JF2052-35 以及模型转轮 A855-34.7 工况范围均可适配于谷坪水电站，两个模型转轮的方案对比结果见表 4-3。谷坪水电站水轮机模型曲线工况范围如图 4-1、图 4-2 所示。

表 4-3 模型机型选择方案对比

型号	HLJF2052-WJ-90	HLA855-WJ-90	备注
机组安装高程	76.50m	76.50m	
机组额定水头	101m	101m	
机组吸出高度	+2.8m	+1.5m	K=1.4
机组转轮直径	0.9m	0.9m	
机组额定出力	5.208MW	5.208MW	
机组额定流量	5.94m^3/s	5.74m^3/s	
机组额定效率	88.50%	91.60%	
机组最高效率	91.06%	93.10%	效率修正 -2%
机组额定转速	750r/min	750r/min	效率修正 -2%
机组飞逸转速	1427r/min	1580.8r/min	

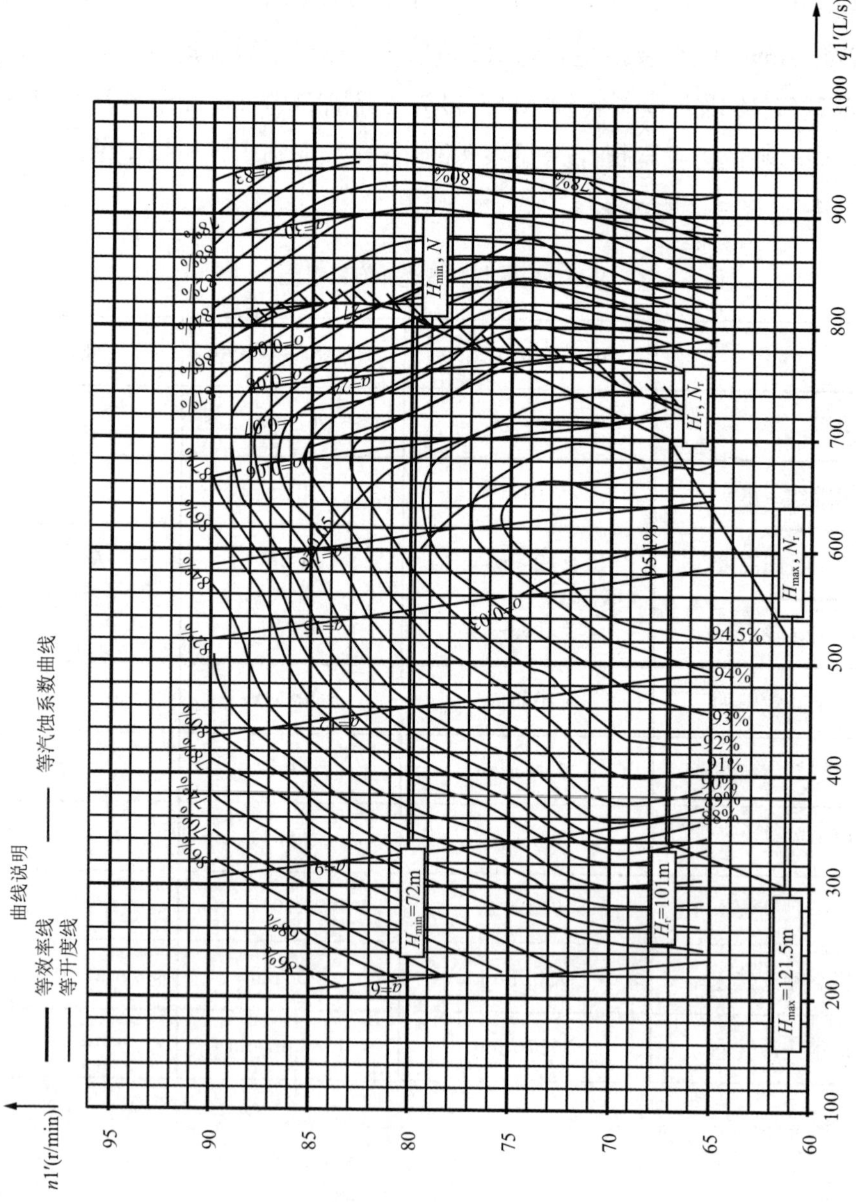

图 4-1　A855 水轮机模型曲线工况范围

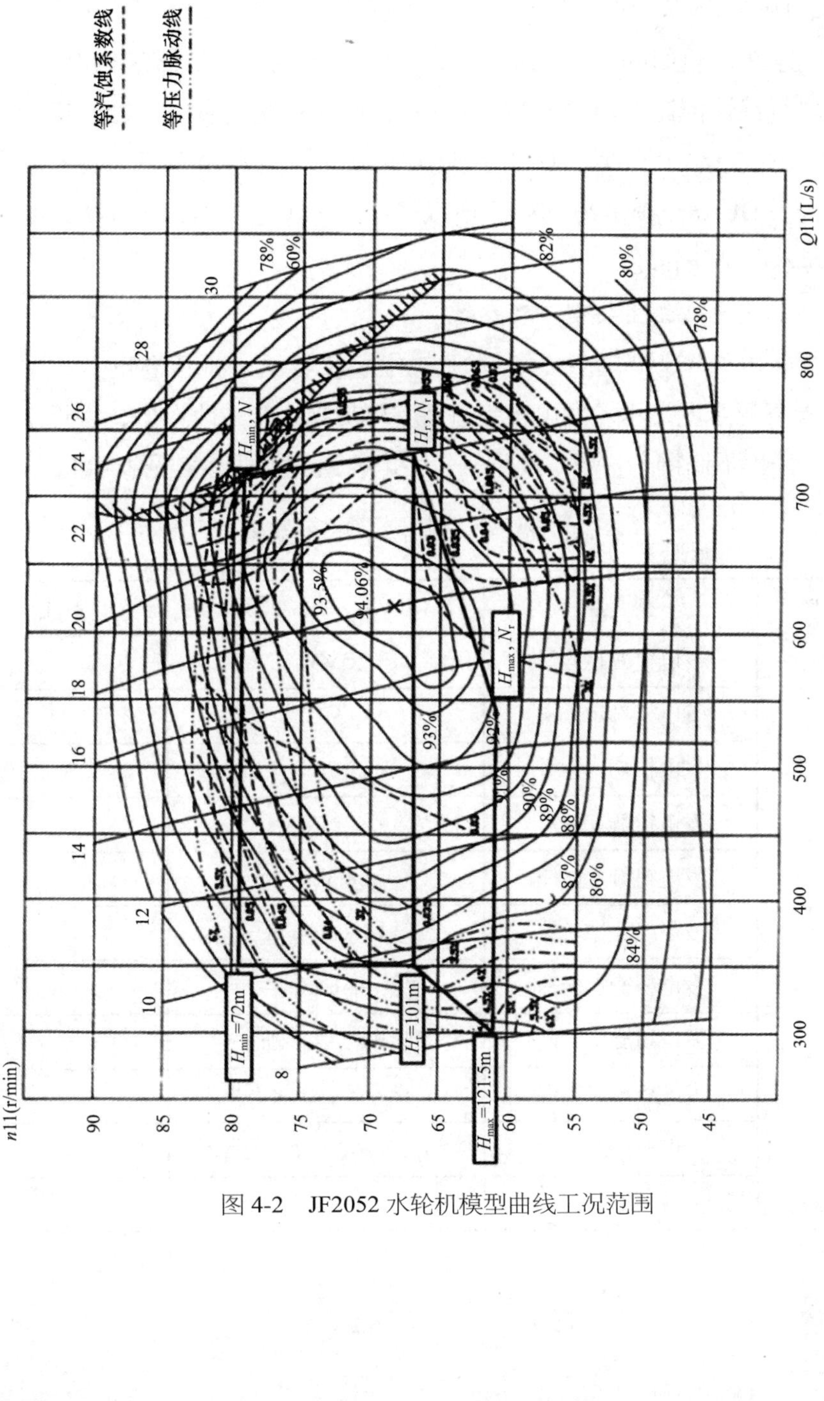

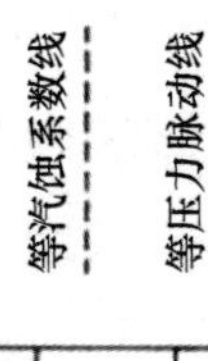

图 4-2　JF2052 水轮机模型曲线工况范围

从表 4-3 及图 4-1、图 4-2 模型曲线工况范围能得出结论，HLJF2052-WJ-90 比 HLA855-WJ-90 转轮在高水头工况范围时更偏离模型最优工况区，不利于高水头段机组的运行稳定性；气蚀表现方面，HLA855-WJ-90 转轮在低水头段气蚀性能比 HLJF2052-WJ-90 差，但该转轮留有一定蚀余量，并满足本水电站安装高程要求；HLJF2052-WJ-90 转轮的水轮机额定效率及最高效率略输于 HLA855-WJ-90 转轮；所以经综合考虑选用 HLA855-WJ-90 转轮作为谷坪水电站的转轮。

3. 水轮发电机组主要型号及参数

谷坪水电站增效改造中，不改变机组装机容量，将其额定水头增加至 101m，对谷坪水电站水轮发电机组进行整体更换。增效改造中，谷坪水电站转轮部件采用不锈钢的材质。模型水轮发电机组的主要参数见表 4-4。

表 4-4 模型水轮发电机组主要参数

	型 号	SFW5000−8/2150	备注
模型发电机	发电机额定容量	5MW	
	发电机额定效率	≥ 96.0%	
	发电机功率因数	0.8	
	发电机额定电流	572.78A	
	发电机额定电压	6.3kV	
	发电机飞逸转速	1580.8r/min	
	发电机额定转速	750r/min	
	发电机旋转方向	从发电极端看顺时针	
	发电机绝缘等级	F 级设计，B 级考核	
	发电机冷却方式	密闭自循环空气冷却器冷却	
	GD2	10t·m^2	

续表

	型　号	HLA855-WJ-90	备注
模型水轮机	水轮机安装高程	76.5m	相应 H_s=-1.05m
	水轮机吸出高度	+1.5m	K=1.4
	水轮机额定流量	5.74m³/s	
	水轮机额定效率	91.6%	效率修正 -2%
	水轮机额定出力	5.208MW	
	水轮机飞逸转速	1580.8r/min	
	水轮机额定转速	750r/min	
	水轮机额定水头	101m	
	水轮机转轮直径	0.90m	

4. 水轮发电机组安装高程

谷坪水电站地下厂房内两台机组尾水出闸门后，经过一段 93m 的隧洞段和长度为 63.78m 涵管导流至清江河天然河床。机组需要的安装高程为 79.05m，高出原水轮机安装高程 2.55m，河床最低水位高程为 78m，吸出高度为 +1.5m。故沿用原水轮发电机组安装高程 76.5m，水轮机实际吸出高度为 -1.05m，参数符合水轮机吸出高度的相关标准。

二、某水电站 2500kW、4000kW 机组水轮机选型

1.2500kW 机组

机组容量 2500kW，水轮发电机效率取 95%，水轮机单机容量初拟为 2631kW， 初选用水机型号为 HL100 机型和 HLD54 机型。通过翻阅《中小型混流式水轮机转轮系列型谱》选型，其综合参数见表 4-5。

表 4-5　HLD54 和 HL100 综合参数

模型转轮型号	模型限制工况			模型最优工况			
	单位流量 $q1'$	效率 η	汽蚀系数 σ	单位转速 $n1'$	单位流量 $q1'$	效率 η	汽蚀系数 σ
模型转轮 HLD54	260L/s	87.8%	0.040	60.0r/min	200L/s	91.7%	0.035
模型转轮 HL100	300L/s	86.5%	0.075	61.5r/min	220L/s	90.6%	0.015

上述机型的工作参数，见表 4-6、表 4-7。

表 4-6　机型工作参数表

模型水机型号	HLD54	HL100
机组单机容量 N	2500kW	2500kW
水轮机出力 N	2632kW	2632kW
额定水头 H_r	170.34m	170.34m
转轮直径 $D1$	0.78m	0.71m
η_{max}	92.7%	91.6%
$\Delta\eta$	1%	1%
额定流量 Q	1.76m³/s	1.80m³/s
最大水头单位转速 $n1'$	59.5r/min	54.1r/min
额定水头单位转速 $n1'$	59.8r/min	54.5r/min
最低水头单位转速 $n1'$	59.8r/min	54.5r/min
最大水头单位流量 $Q1'$	211L/s	259L/s
额定水头单位流量 $Q1'$	215L/s	262L/s
最低水头单位流量 $Q1'$	215L/s	262L/s
比转速	84m/kW	84m/kW
额定效率 η	91.5%	89.1%
最高效率 η	91.7%	89.3%
额定转速 n	1000r/min	1000r/min
飞逸转速 nR	1800r/min	1800r/min

表 4-7 吸出高度计算表

转轮型式	额定水头		最高水头	
	σ	H_s	σ	H_s
HLD54	0.026	+3.66m	0.025	+3.76m
HL100	0.020	+4.78m	0.015	+5.48m

HL100 安装高程为 206.82m，HLD54 安装高程的计算值为 207.27m，仍可采取原机组安装高程。

2.4000kW 机组

机组容量 4000kW，水轮发电机效率取 95%，水轮机单机容量初拟为 4211kW， 初选用水机型号为 HLA520 机型和 HLA351 机型。通过翻阅《中小型混流式水轮机转轮系列型谱》进行选型，其综合参数见表 4-8。

表 4-8 HLA520 和 HLA351 综合参数

模型转轮型号	最优工况				限制工况		
	单位转速 $n1'$/(r/min)	单位流量 $q1'$ /(L/s)	效率 η/%	汽蚀系数 σ	单位流量 $q1'$ /(L/s)	效率 η/%	汽蚀系数 σ
HLA520	62	260	92.7	0.035	360	88.4	0.04
HLA351	63	220	92.9	0.030	320	89	0.035

上述机型的工作参数，见表 4-9 和表 4-10。

表 4-9 机型工作参数表

水轮机型号	HLA351	HLA520
单机容量 N	4000kW	4000kW
水轮机出力 N	4211kW	4211kW
额定水头 H_r	170m	170m

续表

转轮直径 $D1$	0.90m	0.84m
η_{max}	93.5%	93.7%
$\Delta\eta$	0.6%	1%
额定转速 n	1000r/min	1000r/min
飞逸转速 nR	1800r/min	1800r/min
额定流量 Q	2.76m³/s	2..75m³/s
最大水头单位转速 $n1'$	68.6r/min	64r/min
额定水头单位转速 $n1'$	69r/min	64.4r/min
最低水头单位转速 $n1'$	69r/min	64.4r/min
最大水头单位流量 $Q1'$	251L/s	288L/s
额定水头单位流量 $Q1'$	256L/s	293L/s
最低水头单位流量 $Q1'$	256L/s	293L/s
比转速	106m/kW	106m/kW
额定效率 η	90.5%	92.1%
最高效率 η	90.8%	92.2%

表 4-10 吸出高度计算表

转轮型式	最高水头		额定水头	
	σ	H_s/m	σ	H_s/m
HLA351	0.03	+2.9	0.03	+2.98
HLA520	0.035	+2.04	0.036	+2.01

原有机组的安装高程为206.82m，HLA351安装高程的计算值为206.56 m，与原机组安装高程基本一致；HLA520安装高程的计算值为205.29m，低于原机组安装高程。

2500kW机组从参数表可以看出，两种机型基本都在高效区运行，但HLD54高效率区更宽，也能维持原机组安装高程不变。通过复核，确定机型如下：水轮机型号最终选择为HLD54-WJ-78；配套发电机型号最终选择为SFW2500-6/1430。

4000kW机组从参数表可以看出，HLA351的汽蚀性能较好，且安装高程接近原机组高程，可减少土建工程量。但HLA520高效率区更宽，有很好的超发能力。通过复核，确定机型如下：水轮机型号最终选择为HLA520-WJ-84；配套发电机型号最终选择为SFW4000-6/1730。

HLD54、HLA351、HLA520三种型号水轮机模型曲线工况范围如图4-3~图4-5所示。

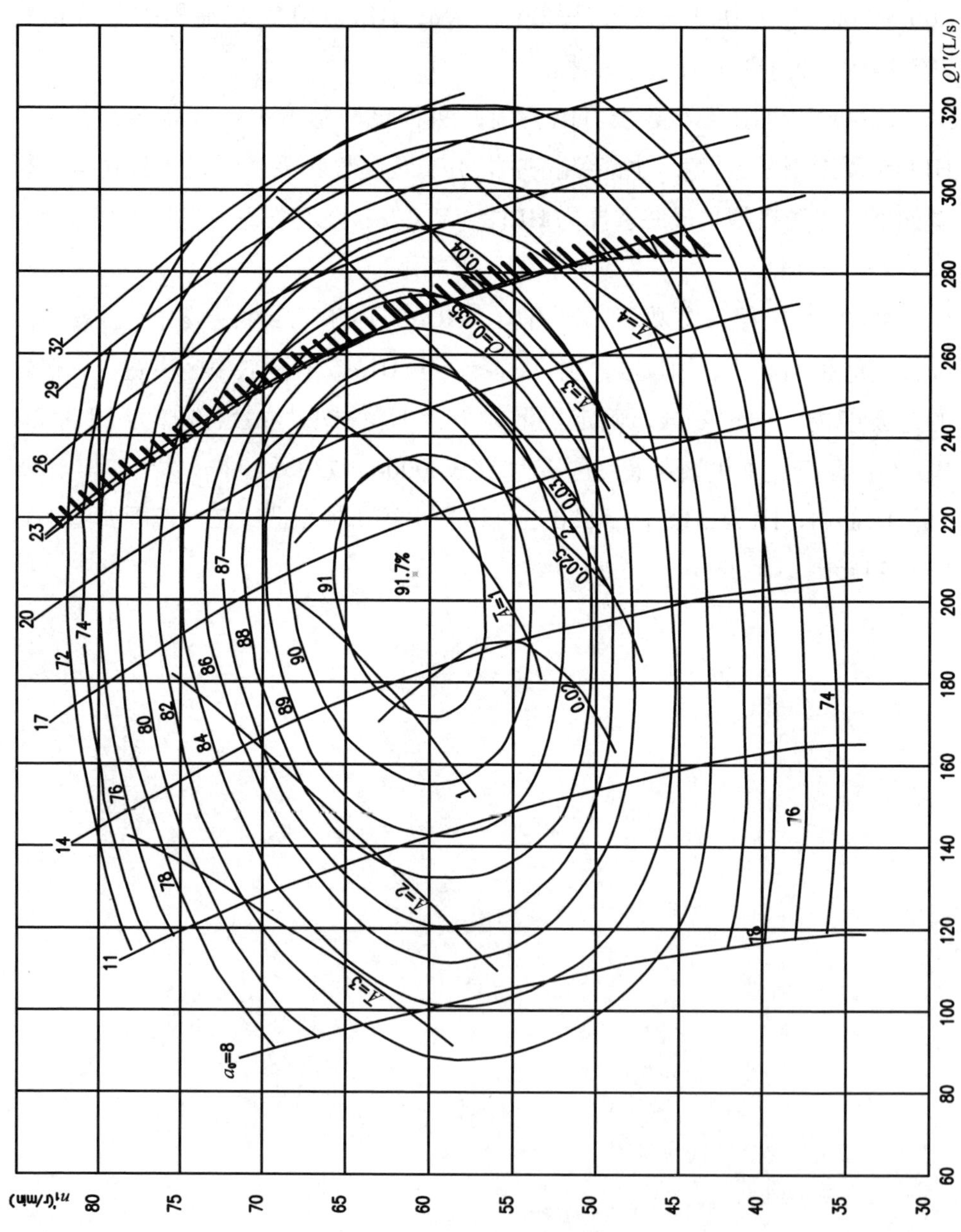

图 4-3　HLD54 水轮机模型曲线工况范围

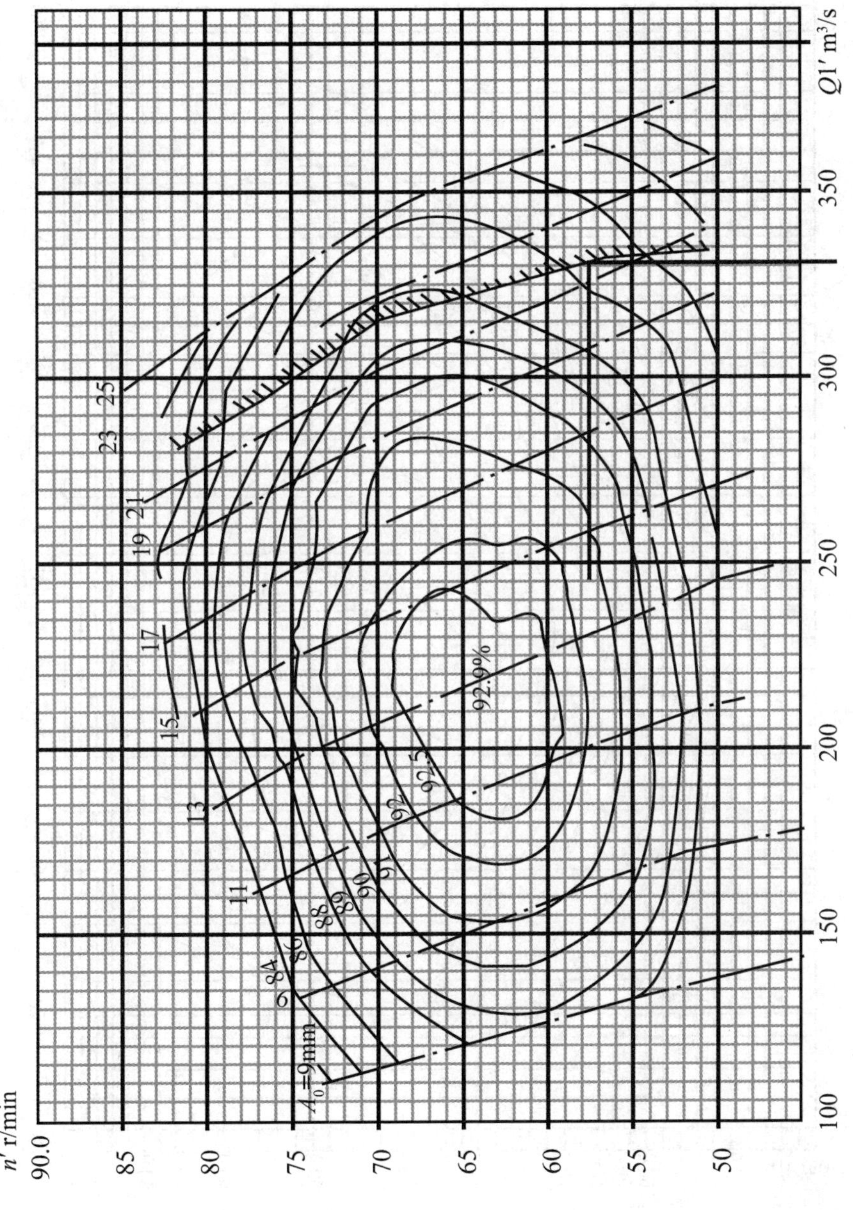

图 4-4 HLA351 水轮机模型曲线工况范围

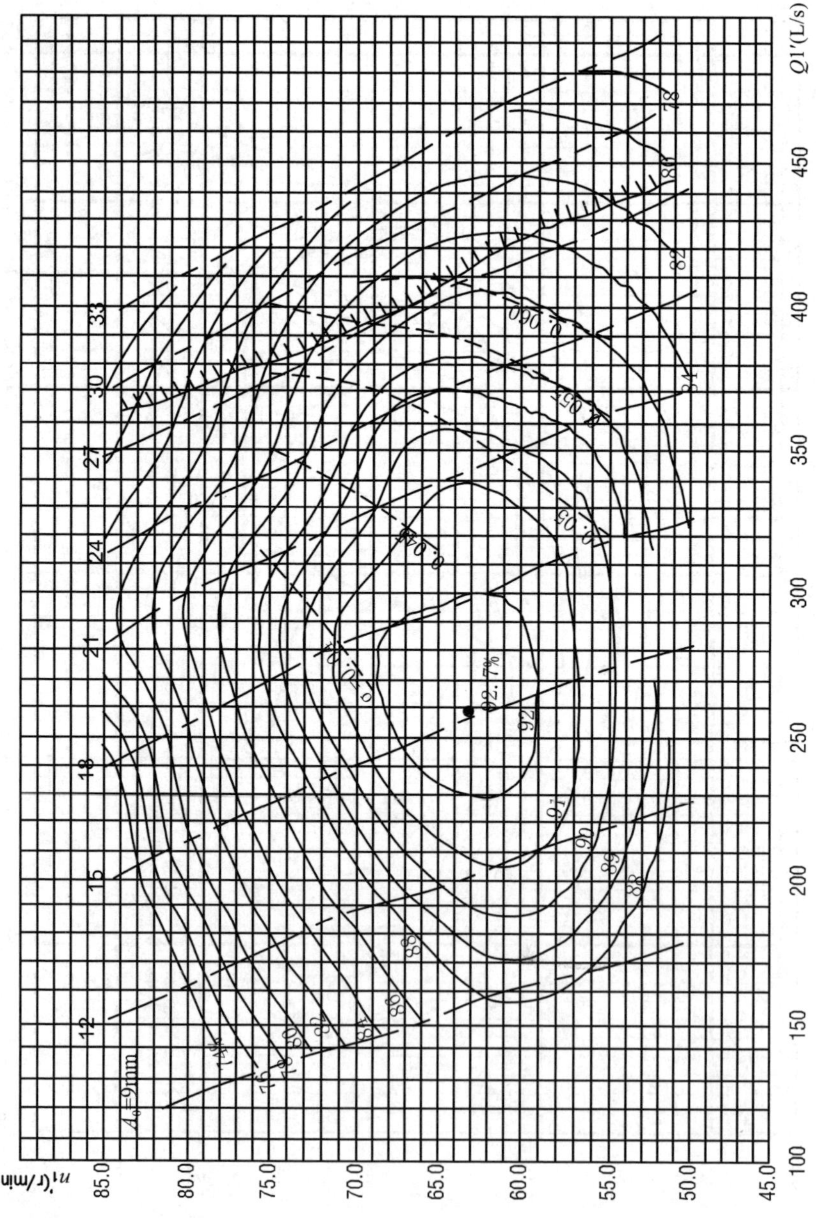

图 4-5　HLA520 水轮机模型曲线工况范围

三、某水电站 2800kW 水轮机选型

机组容量 2800kW，水轮发电机效率取 94%，初选用水轮机型号为 HLJ240 机型和 HLA616 机型。通过查阅《中小型混流式水轮机转轮系列型谱》选型，其综合参数见表 4-11。

表 4-11　HLJ240 和 HLA616 综合参数汇总

模型转轮型号	限制工况			最优工况			
	单位流量 $q1'$	效率 η	汽蚀系数 σ	单位转速 $n1'$	单位流量 $q1'$	效率 η	汽蚀系数 σ
HLJ240	1010L/s	92.15%	0.11	78.27r/min	910L/s	94.58%	0.08
HLA616	1280L/s	90.96%	0.09	77.50r/min	1000L/s	93.15%	0.07

上述水轮机机型的工作参数见表 4-12 和表 4-13。

表 4-12　机型工作参数表

水轮机型号	HLJ240	HLA616
单机容量 N	2800kW	2800kW
水轮机出力 N	2979kW	2979kW
额定水头 H_r	58.3m	58.3m
转轮直径 $D1$	0.86m	0.80m
η_{max}	95.43%	94.13%
$\Delta\eta$	0.85%	0.98%
额定流量 Q	5.60m³/s	5.66m³/s
最大水头单位转速 $n1'$	80.9r/min	75.3r/min
额定水头单位转速 $n1'$	84.5r/min	78.6r/min
最低水头单位转速 $n1'$	109.5r/min	101.9r/min

续表

单位流量 $Q1'$	0.9917L/s	1.16L/s
比转速	227m.kW	234m.kW
额定效率 η	93%	92%
额定转速 n	750r/min	750r/min
飞逸转速 nR	1347r/min	1304r/min

表 4-13 吸出高度计算

最高水头		额定水头	
σ	H_s/m	σ	H_s/m
0.085	+0.85	0.090	+1.18
0.075	+1.67	0.080	+1.94

原有机组型号为 HLA153, 其安装高程为 436.11m，HLJ240 安装高程的计算值为 435.45 m，HLA616 安装高程的计算值为 436.26m。

综上所述，HLA616-WJ-80 的最优效率低于 HLJ240-WJ-86，在运行工况范围内 HLJ240-WJ-86 包含的高效率区相对较小，在经常运行工作范围内 HLA616-WJ-80 的平均效率比较高，伴随水头降低，能更加高效地利用水能，汽蚀性能指标优于 HLJ240-WJ-86，且安装高程更接近原机组高程，可减少土建工程量。最终确定机型选型如下：

水轮机型号最终选择为 HLA616-WJ-80。

配套发电机型号最终选择为 SFW2800-8/1730 。

最终选定的模型机型主要参数见表 4-14。

表 4-14 选定水轮发电机型主要参数

模型发电机	发电机型号	SFW2800-8/1730
	发电机额定容量	2800kW
	发电机功率因数	0.8
	发电机额定转速	750r/min
	发电机额定电流	320.7A
	发电机额定电压	6300kV
	发电机旋转方向	从发电机轴端向水轮机看顺时针
模型水轮机	水轮机型号	HLA616-WJ-80
	水轮机额定水头	58.3m
	水轮机额定出力	2978.7kW
	水轮机额定流量	5.66m³/s
	水轮机转轮直径	80m
	水轮机额定效率	92%
	水轮机额定转速	750r/min

四、调节保障计算

依据《水力发电厂机电设计规范》（DL/T 5186-2004）中对于调节保障的规定，结合水电站运行水头范围及水电站机组容量占电力系统工作容量的比重较小等因素，机组甩负荷时的蜗壳末端压力升高率宜小于 30%；机组甩负荷时的最大转速升高率宜小于 55%。

谷坪水电站选用主引水压力钢管自坝前取水，钢管直径达 2m、总长度达 230m。钢管在厂房前分为两路支管，分别送至两台水轮发电机组蜗壳，支钢管直径为 1.25m。当水轮发电机组处于最大水头额定发电时，引水道 LV 值为每秒 866.32m^2；当两台机组一并甩满负荷运行时，相应水压力为 146.32m，蜗壳末端最大压力上升率为 20.42%。当水轮发电机组处于额定水头带额定有功负荷时，机组转动 GD^2 值为 10t·m^2，引水道 LV 值为每秒 1023.67m^2，导叶直线关闭时间为 5s。当两台水轮发电机组一并甩满负荷运行时，蜗壳末端最大压力上升率为 26.97%，相应尾水管真空值为 3.44m，水头为 128.24m，机组转速上升率为 44.90%。经复核，调节保障计算结果符合标准规定。

五、水轮机进水阀

水电站进水阀原为重锤式蝴蝶阀，公称直径 DN1250mm，采取液压操作方式，额定操作油压 2.5MPa。两台机组主阀共用一台 HYZ-1.0 型组合式油压设备，并分别配有独立控制柜。进水阀目前还可继续使用，本次改造不进行更换，仅仅进行进水阀外壁防腐处理。

六、调速器系统

水电站原调速器系统为 20 世纪 90 年代产品，电气部分于 2003 年已经改造更换，机械部分仍沿用原有设备。经多年运行设备老化，活塞窜油严重，元件时有失灵，机械部分漏油情况严重。本次水电站增效改造对调速器系统进行整体更换。

七、主厂房起重设备选择

本水电站为地下式厂房，设备运输从厂房公路交通平洞进入，然后用平板车运至厂房。交通平洞高程为 97.0m，再经吊物竖井顶高程为 100.0m，底高程为 75.65m，竖井平面尺寸为 3m×6m。在竖井上方设有一台 15t、LK=3.0m 的起重机，其轨顶高程为 106.0m，当机组主要部件通过平板车进入交通平洞后，由该起重机将设备卸下，然后用平板车沿轨道运至 75.70m 高程主厂房。主厂房内设有一台 15/3t、LK=10.5m 的桥式起重机，起轨顶高程为 83.30m。

由于机组容量不变，机组最重件起重量在原设计范围内，虽然桥机已运行多年，但还能保障水电站机组安装和检修的需要，本次设计不进行更换。

八、辅助设备系统

1. 油系统

水电站原设计没有设置油系统，本次改造也不增设。

2. 技术供水系统

原设计为采取自流减压方式供水。水源取自蜗壳前的压力钢管并从 175m 高程水池引一条水管作为备用水源，经固定式滤水设备过滤后供给发电机空气冷却器、轴承外循环冷却器及主轴密封用水。

经过多年运行，技术供水系统存在滤水设备、阀门及部分管路锈蚀情况严重，漏水等问题。本次增效改造无新增的用水需求，依然沿用原有的供水形式，沿用原有已经埋设的管路及其附件，对外部明敷管道全部实施更换，更换阀门和滤水设备等。

3. 检修及渗漏排水系统

（1）检修排水系统。

原设计采取直接排水方式，设 IS200-150-250（Q=400m³/h，H=20m，N=37kW）型离心排水泵 1 台，IS125-100-250（Q=100m³/h，H=20m，N=11kW）型离心排水泵 1 台，SZB-8（Q=0.24 ~ 0.636m³/h，真空度 0 ~ 19%，N=3kW）型水环真空泵。

经过多年运行，检修排水系统存在水泵效率下降、能耗大等问题。本次增效改造不改变原有检修排水方式，对外部明敷管道全部更换，沿用原有已经埋设的管路及其附件，更换水泵及阀门等。

（2）渗漏排水系统

原设计使用 2 台 WQ150-35-37（Q=150m³/h，H=35m，N=37kW）型潜水泵，外加 1 台 22kW 汛期潜水泵组成的排水系统。

经过多年运行，渗漏排水系统存在水泵工作效率下降、能耗大等问题，汛期来临时渗漏排水泵运行排水量不足，不利于水电站安全稳定运行等一系列问题。本次增效改造不改变原有渗漏排水方式，对外部明敷管道全部更换，沿用原有已经埋设的管路及其附件，更换 2 台渗漏排水泵及阀门等，并增设 1 台汛期备用排水泵。

4. 气系统

（1）中压气系统。

水电站调速器系统和蝶阀均配置工作油压 2.5MPa 的油压设备，为满足油压设备供气的要求，设有 2 台 WP3232 型全自动空压机和一个 P=2.8MPa，V=1m³ 蓄气罐。本次改造不对中压气系统进行改造。

（2）低压气系统。

低压气系统主要考虑机组检修用气，设有 2 台移动式空压机。本次改造不对低压气系统进行改造。

5. 水力监测系统

本水电站原设计水力测量系统主要有：拦污栅前后水位差测量；蜗壳进口压力测量；尾水管压力真空测量。由于本水电站与水利枢纽水电站的水库特征相同，所以上、下游水位值引用水利枢纽水电站的数据，不另设监测项目。

本次改造蜗壳进口压力测量；尾水管压力真空测量随机组自带量测仪表，其他量测项目不更换仪表。

九、水力机械主要设备分布

谷坪水电站增效改造工程主要是整体更换机组及其辅助设备和附件，对现有水工建筑进行整修，所以，本工程总体分布格局不变。

主机设备分布：谷坪水电站为地下式厂房，按导流洞顺水流方向厂房内分为 1# 机组段、2# 机组段和安装场。机组间距为 13.0m，厂房净高为 11.8m。机组采取卧式分布，水轮发电机明露在主厂房内。水轮机装机高程为 76.5m，主厂房地表高程为 75.70m，尾水底板高程为 71.0m，蝴蝶阀分布在厂房桥机吊钩限制线以内，桥机轨顶高程为 83.30m。

辅助设备分布：辅助设备分布在主厂房两端的副厂房内，高程与主厂房地表高程相同。压缩空气系统分布在上游侧副厂房，供水系统设备分布在主厂房机组的右侧（从发电机看），排水系统设备分布在下游侧副厂房内。

轴承循环油冷器分布在主厂房上游侧，重力加油箱分布在上游侧副厂房 85.0m 高程。

蝴蝶阀用油压设备分布在两台蝴蝶阀之间，调速器系统设备在机组的左侧（从发电机看）。

十、水力机械主要设备

水电站本次改造主要设备汇总见表4-15。

表4-15 谷坪水电站改造主要水力机械设备汇总

序号	设备名称	设备型号及规格	单位	数量	备 注
一、水轮发电机组及其附属设备					
1	水轮机	H_r=101m，Q=5.74m³/s，N_r=5208kW，n=750r/min，型号HLA855-WJ-90	台	2	
2	发电机	N=5000kW U=6.3kV，型号SFW5000-8/2150	台	2	
3	调速器系统	GYT-1800-16	台	2	整体更换
4	蝴蝶阀		台	2	外壁防腐处理
5	自动化元件		套	2	
6	备品备件		套	1	
二、技术供水系统					
1	全自动滤水设备	DLS-150 DN150 PN1.6MPa	只	4	更新
2	流量开关	FC-G1/2	只	2	更新
3	压力变送器	0～0.6MPa 4～20mA	只	4	更新
4	压力表	Y-100 0～0.6MPa	只	6	更新
5	电接点压力表	Y-100 0～0.6MPa	只	4	更新
6	表阀门	×13T-10 1/2" M20*1.5	只	14	带表接头
7	减压阀	JYF-1.6/0.3	个	3	更新
8	止回阀	DN150 PN1.6MPa	只	3	更新
9	闸阀	DN150 PN1.6MPa	只	9	更新
10	闸阀	DN100 PN1.6MPa	只	16	更新
11	电动球阀	DN100 PN1.6MPa	只	3	更新
12	闸阀	DN65 PN1.0MPa	只	8	更新
13	闸阀	DN50 PN1.0MPa	只	6	更新
14	闸阀	DN15 PN1.0MPa	只	8	更新
15	安全阀	DN50 PN1.6MPa	只	3	更新
16	Y型过滤器	DN15 PN0.6MPa	只	2	更新
17	液压传感浮球阀	DN200 PN1.6MPa	只	1	更新
18	闸阀	DN200 PN1.6MPa	只	1	更新

续表

序号	设备名称	设备型号及规格	单位	数量	备 注
19	钢管		t	0.5	更新
三、轴承油循环系统					
1	闸阀	DN80 PN1.0MPa	只	11	更新
2	闸阀	DN50 PN1.6MPa	只	10	更新
3	闸阀	DN25 PN1.6MPa	只	6	更新
4	电动闸阀	DN80 PN1.0MPa	只	2	更新
5	流量开关	FC-G1/2	只	4	更新
6	压力表	Y-100 0~1.0MPa	只	4	更新
7	表阀门	×13T-10 1/2" M20*1.5	只	4	带表接头
8	温度变送器		套	2	更新
9	油位变送器		套	2	更新
四、排水系统					
1	渗漏排水潜污泵	WQ150-35-37 Q=150m³/h，H=35m，N= 37kW 含 1 台汛期备用排水泵	台	3	更新
2	检修排水离心泵	IS200-150-250 Q=400m³/h，H=20m，N= 37kW	台	1	更新
3	检修排水离心泵	IS125-100-250 Q=100m³/h，H=20m，N=11kW	台	1	更新
4	水环真空泵	SZB-8 Q=0.24 ～ 0.636m³/h，真空度 0 ～ 19%，N= 3kW	台	1	更新
5	压力表	Y-100 0 ～ 1.0MPa	只	6	更新
6	表阀门	×13T-10 1/2" M20*1.5	只	6	更新
7	止回阀	DN150 PN1.0MPa	只	4	更新
8	止回阀	DN100 PN1.0MPa	只	1	更新
9	止回阀	DN50 PN1.0MPa	只	2	更新
10	闸阀	DN250 PN1.0MPa	只	2	更新
11	闸阀	DN150 PN1.0MPa	只	4	更新
12	闸阀	DN100 PN1.0MPa	只	1	更新
13	闸阀	DN50 PN1.0MPa	只	4	更新
14	浮球式液位	信号器	套	1	更新
15	液位变送器		套	1	更新
16	钢管		t	0.5	更新

第二节 电气部分选型

谷坪水电站位于主水利枢纽左岸，装设两台卧式水轮发电机组，水电站总装机 10MW。水轮机原型号为 HLA153-WJ-84，发电机型号为 SFW5000-8/2150。

水电站于 1994 年 12 月投产发电，电气设备均为 20 世纪 90 年代产品，已运行 20 多年。水电站现状主要存在电气设备老化，多年来暴露出许多设备安全隐患。如：水电站主变型号为 SF7-16000/35kV，历经 20 余年的运行，绝缘老化，运行损耗大，可靠性减少，属淘汰产品；厂用变压器、高压开关柜等配套机电设备以及全厂照明系统均老化严重、维护工作量大，严重影响水电站安全运行和经济效益，急需改造更换。

一、水电站与电力系统的连接

本站装机容量为 10MW（2×5MW），目前水电站采取一回 35kV 出线，与宜昌供电公司变电站系统连接。

本次改造不改变电站接入系统方式。

二、电气主接线方案

本水电站装机两台，发电机单机容量为 5MW，总装机 10MW，机端出口电压为 6.3kV。发电机 — 变压器采取两机一变扩大单元接线方式，35kV 侧为变压器 — 线路组接线，出线一回。依据两台发电机的额定容量和自备水电站的运行方式，主变压器的容量选择为 16MVA。

同时，本水电站作为主水利枢纽的保安电源，从发电机 6kV 电压母线馈出 4 个回路：一回接入大坝坝顶变电所，作为大坝防汛备用电源；一回接至水利枢纽大水电站厂内 6kV 配电设备母线上，作为大水电站备用电源；一回接至第二级垂直升船机变电所内；一回接至寺坪水电站。使本水电站与大水电站、大坝、垂直升船机、寺坪水电站之间的电源互为备用，提升了整个枢纽用电的可靠性。

水电站的电气主接线形式接线简单清晰，运行维护方便，供电可靠性和运行灵活性均能满足水电站运行要求。本次改造不改变电站电气主接线方式。

三、厂用电系统

目前谷坪水电站厂用供电范围为：厂内负荷、交通运输洞负荷和35kV配电设备负荷。厂内用电包括机组用电、照明用电、水电站公用设施用电、检修用电等。

厂用电系统除厂用变压器设备老化、运行损耗大、可靠性减少，需进行更换外，其余设备目前运行情况良好。所以本次增效改造不改变厂用电系统接线方式。

厂用电系统有关情况如下：

（1）电源引接。

厂用电设置两台干式变压器，一台从发电机端6kV母线引接电源，一台引接自寺坪水电站6kV电源。在两台机组全停时，6kV母线还与水利枢纽大水电站、寺坪水电站连接，必要时还可以从35kV电网侧送电，保障厂内供电。

（2）供电电压。

水电站规模小，用电负荷小，用电设备相对集中，故采取0.4kV一级电压集中混合供电方式。

（3）0.4kV接线。

水电站内设置了两台250kVA厂用干式变压器，0.4kV侧为9面PGL1型低压配电屏组成两段母线，母线之间设有联络断路器，2台变压器互为备用，分段运行，并装有备用电源自动投切设备。

（4）照明供电。

水电站内设置了5个工作照明箱、两个事故照明箱。5个工作照明箱分别分布于控制楼1个，主机室两个，交通洞1个，配电设备室1个。两个事故照明箱分布在主机室，满足中控室、主机室及交通洞的事故照明要求。

四、主要电气设备选择

电气设备选择按电力行业标准《导体和电器选择设计技术规定》（DL/T 5222-2005）执行。依据湖北省《农村水电增效扩容改造项目机电设备选用指导意见》的精神，按照经济可靠、技术先进、安全合理的要求，且符合多种工况条件如短路、过电压、正常运行、检修等的要求，谷坪水电站采取安全、可靠、节能、环保的新型设备。

1. 主变压器选择

目前主变型号为SF7-16000/35kV，容量为16000kVA，历经20余年的运行，目前渗油严重，绝缘老化，运行损耗大，可靠性减小，属淘汰产品。

依据水电站主接线方案和电能外输的要求以及本次增效改造方案，新更换主变压器选用新型三相双绕组风冷式低损耗升压型电力变压器，容量及基本参数不变，主要参数为：

型 号：SF11-16000/35

容 量：16000kVA

电 压：38.5±2×2.5%/6.3kV

接线组：YN,d11

空载损耗：14.5kW

负载损耗：70.0kW

空载电流：0.50%

阻抗电压：8%

冷却方式：ONAF

2. 厂用变压器选择

目前水电站内设置了两台厂用干式变压器，型号为SG7-250/6.3，容量为250kVA，历经20余年的运行，绝缘老化，运行损耗大，可靠性减小，属淘汰产品。本次增效改造新更换两台厂用变压器，选用新型低损耗干式变压器，容量及基本参数不变，主要参数为：

型 号：SC11-250/6.3

容 量：250kVA

电 压：6.3±5%/0.4kV

接线组：Dyn11

阻抗电压：4%

3. 35kV 配电设备选择

目前 35kV 配电设备为 KYN-35（F）型高压开关柜，包括出线断路器柜和 PT 柜，共计两面。设备在长期运行中老化、运行可靠性减小，本次增效改造将更换 35kV 高压开关柜，基本配置及参数不变：

开关柜型号： KYN61-40.5

额定电压：35kV

最高工作电压：40.5kV

额定电流：100A

额定频率：50 Hz

额定短时工频耐受电压：95 kV

额定短路开断电流：25kVA

额定短时耐受电流：25kVA/4s

额定峰值耐受电流：63kVA

额定雷电冲击耐受电压：185kV

操作机构：弹簧操作机构

防护等级：外壳 IP4X

4. 6.3kV 配电设备选择

目前 6.3kV 配电设备为 KYN-10（F）型高压开关柜，包括发电机进线柜、6.3kV 出线柜、主变进线柜、PT 柜和联络柜等，共计 12 面。设备在长期运行中设备、运行可靠性减小，本次增效改造将更换 6.3kV 高压开关柜，基本配置及参数不变：

开关柜型号：KYN28A-12

额定电压：6.3kV

最高工作电压：12kV

额定电流：2000A

额定频率：50 Hz

额定短时工频耐受电压：42kV

额定短路开断电流：40kVA

额定短时耐受电流：40kVA/4s

额定峰值耐受电流：100kVA

额定雷电冲击耐受电压：75kV

操作机构：弹簧操作机构

防护等级：外壳 IP4X

5. 机旁高压柜选择

目前机旁高压柜为非标型，包括机端 PT、CT 及中性点柜等，每台机组 4 面，共计 8 面。本次增效改造将更换机旁高压柜，基本配置及参数不变：

开关柜型号：XGN-10

额定电压：6.3kV

最高工作电压：7.2kV

额定电流：1000A

额定频率：50 Hz

额定工频耐受电压 (1min)：42kV

额定雷电冲击耐受电压：75kV

额定短时耐受电流：40kVA/4s

额定峰值耐受电流：100kVA

防护等级：外壳 IP4X

6. 电缆选择

水电站历经20余年的运行，水电站中低压电力电缆及二次电缆绝缘老化严重，近年短路事故频发，维护工作量大。本次增效改造将更换全厂中低压电力电缆及二次电缆（不含35kV高压电缆），重新整理敷设，挂标识牌。

水电站更换的中低压电力电缆及二次电缆与原电缆型号相同，敷设路径基本不变。

五、照明系统

水电站照明目前灯具陈旧、单一，照度低，照明条件较低。本次增效改造将对主、副厂房和逃生通道照明，包括事故照明，进行整体改造。

厂内照明电源由0.4kV厂用配电屏取得，采取双电源供电方式。主照明配电箱下设照明分电箱，各功能区照明电源由分电箱取得。厂内照明设事故照明配电箱，事故照明电源由直流盘取得，并设交直流自动切换设备。厂内所有疏散通道道口均设置应急指示灯。照明配电系统采取三相五线制和单相三线制，室内照明普通开关距地1.3m明装，普通插座距地0.3m明装，应急灯及其插座距地2.5m安装。所有照明灯具均采取节能灯具，详细的照明灯具选择、分布将在下一设计过程中进行。

六、过电压保护及接地

防雷及过电压保护：水电站厂房为地下式厂房，不须考虑直击雷保护。35kV变电所分布于山坡的底部，也无需设置直击雷保护。

为防止雷电侵入波及操作过电压损坏电气设备，目前水电站在35kV出线和6kV母线上均装设了一组金属氧化锌避雷器。

本次增效改造不涉及防雷及过电压保护改造。

接地：水电站厂房内充分利用水轮机外壳，进出口的管道、钢筋等自然接地体，组成自然接地网。35kV变电所接地网与地下厂房接地网相连，并且本水电站接地网与水利枢纽接地网连接，形成接地网，接地电阻完全满足要求。

本次增效改造不涉及接地系统改造。

七、计算机监控系统

谷坪水电站已于 2001 年对计算机监控系统进行改造，采取 SJ-500 系列微机监控系统，该监控系统从结构上分为两层：上位机及现地控制单元，并在寺坪一级水电站设有集控中心，目前集控中心及谷坪水电站监控系统元件老化严重、故障率高、可靠性差，急需改造。

本期改造将上位机系统置于办公楼三楼，对谷坪等水电站进行集中控制，仅在谷坪水电站保留 1 台主机兼操作员工作站作应急用。

本次增效改造拟对整个流域计算机监控系统进行统一改造。集控侧监控系统采取扩大厂站的连接方式与多个站点进行内网连接，系统分为集控级和厂站控制级，上下级间采取以太网网络通信。

集中控制室改造如下：更换两台操作员工作站、两台主服务器工作站、两台历史数据服务器、1 台工程师工作站、1 台语音告警服务器、两套 UPS 系统（含蓄电池）及 1 套北斗时钟对时系统。

谷坪水电站监控系统改造如下：站控级更换 1 台主机兼操作员工作站，提升 1 套时钟对时扩展设备及 1 套 UPS 系统（含蓄电池）；现地控制级更换两套机组 LCU（每台机 1 套）、1 套公用设备 LCU。

谷坪水电站监控系统主要完成以下功能：

1. 主服务器工作站及操作员工作站

本次增效改造将主服务器工作站及操作员工作站进行分割，各用 1 台服务器主机实现相关功能。功能包括对整个流域多座水电站的监控系统进行调度，数据库调度，各图表、报文、指示表计、告警信号、曲线的生成等。

两台操作员工作站供运行值班人员使用，在紧急情况下可由维护人员将其升级为主服务器使用。

2. 机组 LCU

负责监视和控制机组水轮机发电机、机组辅机设备、机组保护设备，提供机组开机、停机、事故停机、紧急停机顺控流程；提供机组状态监视、机组状态告警、机组故障指示、机组事故指示；提供机组有功功率、无功功率、功率因数开环及闭环调节；提供机组手动及自动操作。

3. 公用设备 LCU

负责监视和控制全厂断路器、刀闸、母线设备、保护设备、公用辅助设备，提供断路器无压合闸、分闸操作和监视；提供各个出口断路器及母线电量监视；提供断路器及刀闸合闸闭锁、分闸闭锁监视及告警功能。

4. 网络

水电站监控系统采取全开放的分层分布式双星型网络结构，由网络上分布的各节点计算机及 LCU 单元组成。

网络设备由 1 台百兆工业以太网交换机和网络电缆 / 光缆连接设备组成，分布在本期新增网络柜内，通过 RJ45 口以点对点的方式与 1 台主机兼操作员工作站、1 台激光打印机及时钟同步设备相连；通过多模光口与现地控制单元内的现地级交换机相连。

5. 对时系统

在站内配 1 套对时扩展设备，利用集中控制室的北斗对时系统对本站各数据采集处理单元的相关设备及继电保护设备等的时钟进行校正。

八、不间断电源系统

为保障上位机系统及重要设备的不间断供电，配置 1 套电力专用交流不间断电源（UPS）系统（含蓄电池），集控中心容量为 10kVA，谷坪水电站容量为 3kVA。该系统由输入隔离变压器、输出隔离变压器、手动旁路开关、联络开关、整流器、静态开关、蓄电池投入开关、逆变器、馈线开关等组成。正常时由站用交流电供电，当站用交流电失电时，由自带蓄电池逆变为交流 110V 输出，UPS 总的静态切换时间≤ 4ms。

九、励磁系统

谷坪水电站励磁系统为20世纪90年代产品，采取SAVR-2000系列励磁系统，励磁系统在机旁设有3面柜，分别是可控硅整流设备柜1面、SAVR-2000发电机励磁调节器柜1面、励磁变柜1面。目前励磁元件老化严重、故障率高、可靠性差，励磁变损耗偏大，急需改造。

本次增效改造采取自并激可控硅静止励磁系统，选取ABB开关作为灭磁开关，采取双通道双微机励磁调节器，选用氧化锌作为灭磁电阻。其他设备还包括转子过电压保护装置、电力系统稳定器（PSS）、干式励磁变压器、三相全控整流桥、起励回路及励磁系统操作控制等辅助单元。改造后励磁系统拟组4面柜，分别是：励磁调节柜1面、整流柜1面、灭磁柜1面、励磁变柜1面。励磁系统主要完成以下功能：

1. 自动控制

实现端电压调节、PF/Var控制，定子电流限幅、欠励保护、电压互感器断线保护、过励限制。

2. 手动控制

如果自动控制失灵，可无扰动切换至手动控制方式，实现励磁电流连续跟踪。手动控制方式主要用于检修和运行，在这种方式下，励磁电流按PI控制功能进行调节。

3. 监视和保护功能

在内部和外部故障时，监视和保护功能块投入运行，以避免故障扩大和引起静止励磁系统元件的损坏，不同的故障对应有不同的动作，可以是故障报告，也可以是从自动控制切换到手动控制，或自动关闭励磁系统、灭磁。

发电机正常停机采取逆变灭磁方式，机组事故时采取氧化锌非线性电阻灭磁方式。发电机常规开机情况下采取残压起励方式，同时辅以直流起励方式，直流电源取自厂内直流系统。

十、自动化元件

目前谷坪水电站自动化元件运行多年，故障率高、可靠性差、检修维护工作量大，所以本次改造将以更换水轮发电机组为契机完成对油、气、水系统，发电机定子，轴承等部位的自动化元件换型改造工作，另每台机增设 1 套机组测温系统以完成对机组定子、轴承等部位温度监测；增设 1 套机组振摆系统以完成对机组机架、轴承等部位振动摆度数据采集及分析处理，从而提升机组自动化控制设备的可靠性、稳定性和安全性，提升水电站的综合自动化水平。

自动化元件的选型配置需要满足现代化电厂对自动化提出的规定，要求符合一键式机组操作的自动流程。为了保障水轮发电机组及其辅助设备的安全稳定运行，设计选型的自动化元件要保障能够可靠监视测量油、水、气及机组状态等重要运行参数信息，为监控系统提供真实准确的信号量，能组成有力的水机保护回路。

水轮发电机组各测温点均设置型号为 Pt100 的铂热电阻，用于温度测量和数据上传，其他非电气量参数可实时通过各自变送器 4 ~ 20mA 的模拟量或通过通信总线送给单元控制级现地控制单元。自动化元件的选型设计需符合《小型水力发电站自动化设计规范》（SL 229-2011）的相关规定。

十一、继电保护装置

在此前技术改造中，谷坪水电站主要机电设备（包括发电机、主变、35kV 线路等）的继电保护需按《继电保护和安全自动装置技术规程》（GB/T 14285-2006）的相关规定、要求进行选型设计，采取微机式继电保护装置。按发电机保护屏、主变保护屏、35kV 线路保护屏等不同的主设备分别组屏。各保护屏均具有与监控系统服务器的通信接口。保护选型设计如下：

1. 发电机保护选型设计

发电机差动保护；

转子一点接地保护；

发电机失磁保护；

复压过流保护；

励磁变过电流保护；

励磁变电流速断保护；

励磁变绕组温升保护；

定子过电压保护；

定子过负荷保护；

定子一点接地保护等。

2. 主变压器保护配置

变压器差动保护；

复合电压方向过流保护；

过负荷保护；

轻、重瓦斯保护；

温度及压力保护等。

3. 35kV 线路保护

零序电流方向保护；

交流电流回路断线闭锁；

复合电压闭锁；

三相一次重合闸等。

发电机保护系统、主变保护系统、35kV 线路保护系统目前运行良好，本期暂不改造。

4. 厂用电 6kV 线路保护、厂变保护、母联保护

本期改造拟更换站内 12 面 6kV 开关柜，所以 3 台 6kV 线路保护设备、两台厂变保护设备、1 台分段充电保护设备一并更换，采取微机继电保护装置。

厂用电 6kV 线路配置过电流、过负荷以及电流速断保护。

厂变配置电流速断保护、过电流保护、过负荷保护。

厂用电 6kV 分段断路器配置母线充电保护。

十二、直流系统

谷坪水电站已于2012年对直流系统进行了改造，系统由两组110V/180Ah的直流设备铅酸免维护电池、两面直流充电屏、1面直流负荷屏组成。直流系统采取单母线接线方式。监控模块具有显示、设置、控制、告警、通信、电池管理、远程下载等功能，能与计算机监控系统实现RS485通信。

本次设计对直流系统容量进行复核，水电站的直流负荷按其用电特性，可分为经常负荷、事故负荷和冲击负荷，直流负荷统计见表4-16。

1. 按冲击负荷计算电池容量

由负荷表已知，事故计算时间 t_s=5h，容量累加 C_s=81.5Ah，单体蓄电池的终止放电电压为1.8V。参考相关设计规程《电力工程直流系统设计手册》中容量系数 K_{cc}=0.85, 可靠系数取 K_k=1.4，经常负荷要求计算蓄电池容量：C_{cs}=（$K_k \times C_s$）/K_{cc}=(1.4×81.5)/0.85=134.23Ah。

2. 按冲击负荷计算电池容量

由表4-16可知事故初期冲击负荷电流为 I_{ch}=16.3A，由《电力工程直流系统设计手册》中的“0”曲线，对应 U_d=1.8V，求得冲击系数 K_{ch}=0.78。冲击负荷要求计算蓄电池容量：C_{ch} =($K_k \times I_{ch}$）/K_{ch}=(1.4×16.3)/0.78=29.25(Ah)。

经复核直流系统容量满足要求。

表4-16 谷坪水电站直流负荷统计汇总

序号	直流负荷名称	设备容量/kW	负荷系数	经常电流/A	负荷电流/A	计算容量/kW	水电站事故放电时间(h)及电流(A)				
							初期	持续			
							0～1 min	1～30 min	30～60 min	6～120 min	120～300 min
1	事故照明	3	1.0		13.6	3	13.6	13.6	13.6	13.6	13.6
2	经常负荷	1	0.6	2.7	2.7	0.6	2.7	2.7	2.7	2.7	2.7
3	电流统计（A）						I_1= 16.3	I_2=16.3	I_3= 16.3	I_4= 16.3	I_5=16.3

续表

序号	直流负荷名称	设备容量/kW	负荷系数	经常电流/A	负荷电流/A	计算容量/kW	水电站事故放电时间 (h) 及电流 (A)				
							初期	持 续			
							0 ～ 1 min	1 ～ 30 min	30 ～ 60 min	6 ～ 120 min	120 ～ 300 min
4	容量统计（Ah）							8.15	8.15	16.3	48.9
5	容量累加（Ah）										C_s= 1.5

十三、公用设备系统

谷坪水电站于 2001 年对站内公用设备系统进行了改造，包括渗漏排水系统、空压机系统，设有 1 面渗漏排水 PLC 屏、1 面空压机 PLC 屏，分别置于渗漏排水井旁及空压机室内。目前两面控制屏内元件故障率高、可靠性差，急需进行改造。本次改造拟更换 1 面渗漏排水 PLC 屏、1 面空压机 PLC 屏，系统以可编程控制器作为基本控制模件，并配继电器、指示灯、按钮等辅件。系统控制分为手动和自动两种工作方式。自动方式下，PLC 能通过检测自动化元件不同的整定值自动开启主泵（机）、备泵（机），并自动停泵（机），通过 RS485 串口通信将各种告警信号和量值信号上送计算机监控系统，同时可接受上位机下达的命令；手动方式下，运行人员通过现地操作控制柜面板上的各相应切换开关进行所需控制。

十四、二次接线

目前谷坪水电站二次接线故障率低，运行维护量小，本次只做部分改造完善。

（1）目前谷坪水电站测量系统分为电气测量及非电气测量。

电气测量系统已按《电测量及电能计量装置设计技术规程》（DL/T

5137-2001）的相关要求进行配置。

在发电机保护柜内、6kV 开关柜、35kV 线路保护柜内装设有有功 / 无功电度表用于各机组、6kV 线路及 35kV 线路电能量计量。

非电气量测量包含机组测温、厂内水力测量、机组转速测量、机组水力测量等。非电气量由各自动化元件变送器转换成 4～20mA 数据，通过模拟量电缆接入监控系统现地控制单元柜内。

（2）开关量输入经光电耦合隔离；温度量采取 Pt100 电阻输入；模拟量输入取自变送器并有光电耦合和软件滤波等抗干扰措施。

依据《电测量及电能计量装置设计技术规程》等相关要求，就地监视测量仪表及变送器，依据 35kV 系统、机组、公用系统等区块分别进行布置。现地只保留少量用于就地调试的监视测量表计，其他必须远程控制或集中监视的电气信号，均通过现地控制单元进行采样及转换上传，送监控系统主站进行显示及数据记录。

目前同期点选择在各机组出口断路器，本次更新改造不改变同期合闸点，继续沿用自动准同期方式，同时配套手动准同期设备作为后备，每台水轮发电机组现地控制单元柜内配有 1 套自动准同期设备、同步检查继电器、整步表等。

（3）本次增效改造拟在寺坪一级水电站集中控制室增设 1 套语音告警系统，当运行设备出现事故时，语音报警工作站发出告警语音并在集控室显示屏中弹出告警报文，指明事故类型、时间，供值守人员及时发现并处理。

十五、工业视频监视系统

目前谷坪水电站已于 2001 年新增了一套工业视频监视系统，该系统目前运行状况良好，所以本次无需改造，只作简要介绍。

1. 系统组成

视频监视系统的控制以 LG LDVR3008 智能监控系统产品为主，建立以监视区为重点的全方位数字监控系统，并预留远程监控接口。系统由前端设备及终端设备组成，前端设备由设立在渗漏井、厂房、尾水门、中控室的5台带云台控制、变焦镜头的彩色摄像机组成，可对5个监视点进行24h实时、连续录像；终端设备由1台IBM多媒体电脑、1台索尼21彩色监视器、1台智能监控主机LG LDVR3008、1个10M/100M八口集线器、两台双向网络光端机组成。

2. 功能特点

该系统功能特点如下：

（1）界面：全仿真直视的人性化交互界面，中英文操作。

（2）多功能操作：监视/录像/回放/传输/控制可并行工作。

（3）设置功能：设定各种参数，包括录像时间、画面尺寸、画面质量等。

（4）实时视频：每路图像实时显示，满足现场实时监视的要求。

（5）显示/回放/打印格式：可选择图像分辨率，监视中选择1/4/9/16画面显示，用户可选择单幅图像进行打印，方便取证。

（6）网络通信功能：通过PSTN、ISDN、LAN等链路实现远程监视、回放、控制功能，多台DVR进行联网，在远程计算机上接收16路图像同时传送、显示。

（7）手动备份功能：采取MOD、DVD/RAM等驱动设备进行手动备份。

（8）摄像控制功能：本地及远距离遥控全方位云台/镜头/预置功能。

（9）接警/告警联动：可接4/8/16路外置探测器输入，4/8/16路告警输出，告警输出可自动/手动，联动告警快照/录像和其他辅助动作。

十六、通信

谷坪水电站厂内及对外通信方式如下：

设有专用通信系统，在谷坪水电站主控室、主厂房、机旁、空压机室、6kV高压开关室、渗漏排水室、尾水闸门等处装设程控电话，共20部，且厂房内已覆盖移动信号。

通信系统主要完成以下 3 个方面的任务：

（1）满足厂内生产调度和行政通信的需要。

（2）接受主水利枢纽的生产调度指挥。

（3）通过水利枢纽水电站总机对外建立联系。

目前通信系统运行状况良好，本期暂不改造。

十七、电气设备分布

1. 电气一次设备分布

本次增效改造不改变电站电气设备分布方式，所更换的设备均分布在原来的位置。水电站主要电气设备分布简述如下：

主变压器与 35kV 配电设备一起分布在厂房交通运输洞洞口处。其中 35kV 设备分布于 35kV 高压开关柜室内，主变压器分布在 35kV 高压开关柜室外的主变室。

厂房内发电机主引出线及中性点引出线采取电缆由机坑内沿着与发电机转轴垂直的方向从电缆沟引出。发电机机端 PT、CT 及中性点等 4 面高压柜分布在机组旁。

发电机 6kV 电压设备、两台干式厂用变压器及 0.4kV 低压配电屏分布于下游厂房的配电室内，高程为 76.65m。

中控室分布在上游副厂房二楼，高程为 80.75m。

主厂房地表层下设置电缆沟贯穿全厂，该电缆沟与发电机出线电缆沟、配电室下电缆沟均相通，并通过空压机室内电缆竖井与中控室相通。厂房内电缆沟经吊物井电缆竖井与交通洞连通，作为通往场外的电缆通道。

2. 电气二次设备分布

每台机组机旁分布 1 面机组 LCU 屏、1 面测温制动屏、1 面测振测摆屏、1 面发电机保护屏、1 面励磁调节柜、1 面整流灭磁柜、1 面励磁变柜。

中控室内分布 1 面公用设备 LCU 屏、1 面主变压器保护屏、1 面 35kV 线路保护屏、3 面直流屏、1 面网络柜、1 面不间断电源屏及计算机操作台。

十八、电缆敷设

1. 电缆敷设现状

经现场查看，水电站主、副厂房内电缆对比集中，其中主、副厂房75.70m高程电缆敷设在电缆沟内的构架上，其他至中控室等地的电缆则敷设在楼板下的电缆构架上，但电缆没有分层敷设，高、低压电缆混杂，没有电缆标识，无防火措施，不符合规程规范要求。本次改造将对全部低压电力电缆及二次电缆进行更换、重新敷设，即更换、整理全厂电缆、桥架，将高低压电力电缆及控制、保护电缆按规范要求分层敷设，使之排列整齐，走向清晰，并挂相应电缆标识牌。

2. 电缆分布

更换电缆后，主、副厂房内电缆仍旧对比集中，依据其结构，主、副厂房75.70m高程电缆部分敷设在电缆沟内的构架上，其余电缆则敷设在电缆桥架上。电缆数量较少的地方，则采取埋管敷设或明敷方式。电缆敷设时，要求：

（1）动力和控制电缆应分层敷设，动力电缆敷设在上层，控制电缆敷设在下层；当电缆根数少，动力与控制电缆同层敷设时，中间应设置防火隔板。

（2）电缆敷设应尽量避免交叉，使之排列整齐。

（3）电缆敷设完毕后，所有电缆孔洞、电缆管口均要按设计图纸要求用阻燃材料封堵。

（4）所有敷设的电缆均要挂标识牌。

（5）电缆的弯曲半径一定要满足厂家要求或规程规定。

3. 电缆桥架型式

水电站主、副厂房内的电缆绝大部分敷设在电缆桥架内。水电站的电缆桥架设计选用阻燃型耐火托盘非金属桥架。

4. 电缆敷设后的防火措施

水电站电缆防火措施主要有3种：一是在动力电缆桥架与控制电缆桥架

相邻时，在动力电缆桥架底部敷设防火隔板，当电缆根数少，动力与控制电缆同层敷设时，中间设置防火隔板；二是敷设电缆桥架感温电缆，并在各层电缆敷设完毕后，用防火胶密封管口；三是将主厂房与副厂房之间、副厂房各层之间的电缆洞、电缆竖井在敷设完工后用阻燃材料封堵。

十九、电气工程设备设施

谷坪水电站电气工程部分主要设备见表 4-17。

表 4-17 谷坪水电站电气工程部分主要设备汇总

序号	设备名称	设备型号及规格	单位	数量	备注
一、电力变压器					
1	主变压器	SF11-16000/3538.5±×2.5%/6.3kV YN,d11	台	1	更新
2	厂用变压器	SC11-250/6.3	台	2	更新
二、35kV 及 6.3kV 配电设备					
1	35kV 高压开关柜	KYN61-40.5	面	2	更新
2	6.3kV 高压开关柜	KYN28A-12	面	12	更新
3	机旁高压柜	×GN-10	面	8	更新
三、电缆					
1	6kV 电力电缆及附件	ZR-YJV22-3×240（6/10kV）	km	2.5	更新
2	6kV 电力电缆及附件	ZR-YJV22-3×150（6/10kV）	km	0.3	更新
3	6kV 电力电缆及附件	ZR-YJV22-3×120（6/10kV）	km	1.5	更新
4	6kV 电力电缆及附件	ZR-YJV22-3×50（6/10kV）	km	0.1	更新
5	0.4kV 电力电缆	ZR-YJV22-3×25+1×16（0.6/1kV）	km	3	（以平均截面计）更新
四、照明设备					
1	工作照明箱		只	5	更新
2	事故照明箱		只	2	更新
3	照明灯具、开关插座及电线		项	1	更新

续表

序号	设备名称	设备型号及规格	单位	数量	备　注
五、集控系统					
1	主机兼操作员工作站		台	2	
2	工程师工作站		台	1	
3	便携式工作站		台	1	
4	历史服务器		台	2	
5	语音告警服务器		台	1	
6	UPS 电源系统		套	1	10kVA
7	网络柜		面	1	含对时系统及交换机
8	集控液晶显示器（70 寸）		面	1	
9	备品备件		套	1	
六、监控系统					
1	主机兼操作员工作站		台	1	
2	机组 LCU 柜	800mm×600mm×2260mm（宽×深×高）	面	1×2	配 PLC、电量采集设备、同期设备等
3	公用 LCU 柜	800mm×600mm×2260mm（宽×深×高）	面	1	配 PLC、电量采集设备等
4	网络柜	800mm×600mm×2260mm（宽×深×高）	面	1	含时钟扩展单元及交换机
5	备品备件		套	1	
七、不间断电源系统					
1	不间断电源柜	800mm×600mm×2260mm（宽×深×高）	面	1	3kVA
八、励磁系统					
1	励磁柜	800mm×600mm×2260mm（宽×深×高）	面	2×2	
2	励磁变柜	非标	面	1×2	
3	备品备件		套	1	

续表

序号	设备名称	设备型号及规格	单位	数量	备注
九、继电保护及安全自动设备					
1	6kV 线路保护设备		台	3	
2	厂变保护设备		台	2	
3	6kV 分段充电保护设备		台	1	
十、公用设备系统					
1	渗漏排水 PLC 屏	800mm×600mm×2260mm（宽 × 深 × 高）	面	1	
2	空压机 PLC 屏	800mm×600mm×2260mm（宽 × 深 × 高）	面	1	
十一、二次电缆及附件					
1	二次电缆		km	10	
2	二次盘柜埋件		套	1	
3	备品备件及专用工具		套	1	
十二、桥架					
1	电缆桥架		t	20	供全厂电缆敷设用

第五章　工程管理

第一节　工程概况

一、主要技术特征指标

1. 装机容量技术指标

谷坪保安自备水电站建设规模的选择要求是：在防汛紧急情况下，水电站能够担任整个枢纽不允许间断用电以及厂区生产生活用电的要求。

由于主水利枢纽厂坝区生产生活用电负荷没有变动，谷坪水电站原装机容量对负荷需求留有较大余度，不必要增大装机容量。所以，本次增效改造维持原装机容量，即谷坪水电站装机容量维持 10MW（2×5MW）不变。

2. 主机额定水头选择

依据清江流域梯级水库控制运行总体管理方式：主水利枢纽水电站持续维持高水位发电运行，维持较高水头发电，汛期来临时，适当减少库水位运行。汛前及汛期有可能发生弃水时，要及时加大出力减少水位；水利枢纽水电站的下游水电站水库是日调节水库，当没有泄洪风险时适宜维持 79 ～ 79.5m 的较高运行水位，减少水耗，提升机组安全稳定性，提升发电效益。

依据近 8 年水电站运行逐日水位及逐月水位统计，上游平均运行水位为 192.96m，运行在 190m 以上的天数保障率为 86.3%，下游平均水位为 79.3m，运行在 79.8m 以下的天数保障率为 86.0%。考虑约 9.2m 的水头损失，故谷坪水电站的额定水头取 101.0m。谷坪水电站水能指标见表 5-1。

表 5-1 谷坪水电站水能指标表

项 目	单位	改造前	改造后
上游正常水位	m	200	200
上游死水位	m	160	160
上游平均水位	m	182	192.96
最低尾水位	m	78	78
最高尾水位	m	100	100
正常尾水位	m	78.41	79.3
满发水头损失	m	12.6	9.2
最大水头	m	121.5	121.5
最低水头	m	72	72
额定水头	m	90	101
装机容量	MW	10	10
装机台数	台	2	2
额定流量	m^3/s	13.4	11.5

3. “电气主接线”技术指标

发电机—变压器采取两机一变扩大单元接线方式，35kV 侧为变压器—线路组接线，出线一回。本次增效改造将 6kV、35kV 高压开关柜整体更换，动力电缆整体更换，主变压器型号由 SF7-16000/38.5 升级为 S11-16000/38.5，容量维持不变。

水电站的电气主接线形式接线简单清晰，运行维护方便，供电可靠性和运行灵活性均能满足水电站运行要求。本次改造未改变电站电气主接线方式。

4. “主要电力设备及厂用电”技术指标

水轮发电机组参数见表 5-2。

表 5-2 水轮发电机组参数

水轮发电机组			
		改造前	改造后
水轮机	水轮机厂家	韶关发电设备厂	浙江金轮机电
	水轮机型号	HLA153-WJ-84	HLA855-WJ-90
	水轮机转轮直径	0.84m	0.90m（不锈钢）
	水轮机飞逸转速	1705r/min	1580.8r/min
	水轮机额定转速	750r/min	750r/min
	水轮机安装高程	76.5m	76.5m
	水轮机吸出高度	-1.09m	+1.5m
	水轮机额定出力	5200MW	5208MW
	水轮机额定水头	90m	101m
	水轮机额定流量	6.7m³/s	5.74m³/s
	水轮机额定效率		91.6%
发电机	发电机型号	SFW5000-8/2150	SFW5000-8/2150
	发电机额定容量	5.5MW	5MW
	发电机功率因数	0.8	0.8
	发电机飞逸转速	1705r/min	1580.8r/min
	发电机额定转速	750r/min	750r/min
	发电机额定电压	6.3kV	6.3kV
	发电机额定电流	572.8A	572.78A
	发电机旋转方向	从发电极端看顺时针	从发电极端看顺时针
	发电机绝缘等级	B	F 级设计，B 级考核
	发电机冷却方式	密闭自循环空气冷却器冷却	密闭自循环空气冷却器冷却
	发电机转动惯量 GD2	15t·m²	15t·m²
	发电机额定效率	＞ 96.5%	≥ 96.0%

主变压器参数见表 5-3。

表 5-3 主变压器参数

35kV 变压器		
	改造前	改造后
出厂时间	1994 年 10 月	
型　号	SF7-16000/38.5	S11-16000/38.5
额定容量	16000kVA	16000kVA
额定电压	38.5/6.3kV	38.5/6.3kV
额定电流	240/1466A	239.94/1466.29A
额定频率	50Hz	50Hz
短路阻抗	8.03%	7.73%
空载损耗	16.75kW	≤ 12.1kW
短路损耗	69.70kW	≤ 65.8kW
相　数	3	3
联结组标号	YN,d11	YN,d11
中性点接地方式	不接地	不接地
冷却方式	ONAF（油浸风冷）	ONAN（油浸自冷）
使用条件	户外	户外
油　重	4720kg	5470kg
器身重	16100kg	16920kg
总　重	22000kg	29150kg

厂用变压器参数见表 5-4。

表 5-4　厂用变压器参数

厂用干式变压器		
	改造前	改造后
型　号	SG7-250/6.3	SC11-250/6.3
额定容量	250kVA	250kVA
额定电压	6.3/0.4kV	6.3/0.4kV
额定频率	50Hz	50Hz
短路阻抗	4.38%	4%
空载损耗	0.808kW	≤ 0.72kW
短路损耗	3.344kW	≤ 2.59kW
相　数	3	3
联结组标号	D,yn11	D,yn11
中性点接地方式	直接接地	直接接地

5. *厂用电系统*

水电站内设置了两台 250kVA 厂用干式变压器，0.4kV 侧为 9 面 PGL1 型低压配电屏组成两段母线，母线之间设有联络断路器，两台变压器互为备用，分段运行，并装有备用电源自动投切设备。

二、工程主要建设内容

工程主要建设内容包括以下几点：

（1）水轮发电机组安装调试、微机调速器系统安装调试、励磁系统安装调试、监控系统安装调试、高压配电设备安装调试、测温制动屏安装调试、辅机系统安装调试、自动化元件安装调试、电压互感器安装、电缆安装。

（2）进水口检修闸门及拦污栅进行安全检测和修复防腐，对主、副厂房，进厂交通隧洞墙面、地表、顶棚进行整体装修改造；在办公楼三楼新设集控中心、计算机室及 UPS 室，并对其墙面、地表、门、窗进行整体改造等工程。

三、工程布置

为使谷坪水电站有效运用水能资源，确保主水利枢纽安全运行，主水利枢纽保安自备水电站谷坪水电站增效改造主要有水电站厂房维修、机电设备增效改造等项目。依据湖北省《农村水电增效扩容改造项目初步设计指导意见》，原工程总体分布格局不变，工程不存在新增选址的问题。

谷坪水电站位于业主公司主水利枢纽左岸，由输水管道（包括进水口段、明敷钢管斜段、钢管隧洞段、水平段、岔管，1#、2# 支管），地下厂房（包括主厂房、副厂房、安装场），尾水渠（涵），进厂交通隧洞，地表开关站和对外交通公路等建筑物组成。

四、主要工程量和总工期

增效扩容改造工程的主要项目包括：机电设备安装与调试、厂房装饰装修、压力钢管外壁防腐等项目。

本工程计划总工期为 12 个月。谷坪水电站增效改造工程实际开工时间为 2018 年 9 月 6 日，实际完工时间为 2019 年 7 月 22 日，实际总工期 320 天。

主要工程量完成情况见表 5-5。

表 5-5　主要工程量完成情况

序号	名称及项目	单位	初设工程量	合同工程量	完成工程量
机电设备拆除及安装部分					
一、水轮机及其附属设备					
1	水轮机（HLA855-WJ-90，H_r=101m，Q=5.74m³/s，N_r=5208kW，n=750r/min）	台	2	2	2
2	发电机（SFW5000-8/2150，N=5000kW　U=6.3kV）	台	2	2	2
3	调速器系统（GYT-1800-16）	台	2	2	2
4	进水阀	台	2	2	/
5	自动化元件	套	2	2	2
6	备品备件	套	1	1	1

续表

序号	名称及项目	单位	初设工程量	合同工程量	完成工程量
二、电力变压器					
1	主变压器（SF11-16000/35 38.5±2×2.5%/6.3kV）	台	1	1	1
2	厂用变压器(SC11-250/6.3）	台	2	2	2
三、发电机电压配电设备					
1	35kV 高压开关柜（KYN61-40.5）	面	2	2	2
2	6.3kV 高压开关柜 (KYN28A-12)	面	12	12	12
3	6.3kV 机旁高压柜 (×GN-10)	面	8	8	8
四、电缆					
1	6kV 电力电缆及附件 ZR-YJV22-3×240（6/10kV）	km	2.5	ZR-YJV22-3×300 计 500m	0.5
2	6kV 电力电缆及附件 ZR-YJV22-3×150（6/10kV）	km	0.3	ZR-YJV22-3×185 计 300m	0.3
3	6kV 电力电缆及附件 ZR-YJV22-3×120（6/10kV）	km	1.5	/	/
4	6kV 电力电缆及附件 ZR-YJV22-3×50（6/10kV）	km	0.1	0.1	0.1
5	0.4kV 电力电缆 ZR-YJV22-3×25+1×16(0.6/1kV)（以平均截面计）	km	3	3	按照合同实际完成 0.4kV 电力电缆 2100m
五、二次电缆及附件					
1	二次电缆	km	10	13	按照合同实际完成二次电缆 12.9km
2	二次盘柜埋件	套	1	1	1
3	备品备件及专用工具	套	1	1	1
六、桥架					
1	电缆桥架	t	20	10	10

续表

序号	名称及项目	单位	初设工程量	合同工程量	完成工程量
土建工程部分					
一、厂房					
1	C20 混凝土凿除	m³	39.00	39.00	39.00
2	C20 混凝土浇筑	m³	39.00	39.00	39.00
3	钢筋	t	0.50	0.5	3.63
4	M20 水泥砂浆（2cm）	m²	8.00	8.00	8.00
5	地下厂房安全标识系统	套	1.00	/	/
6	主厂房				
	原楼面处理	m²	437.00	/	/
	环氧树脂自流平楼面	m²	437.00	/	/
	原墙面处理	m²	1553.00	/	/
	面砖墙面	m²	360.00	251.5	253.4
	涂料墙面	m²	1193.00	2045.96	2260.04
	铝合金格栅顶棚	m²	607.00	/	/
7	副厂房				
	原楼面处理	m²	605.00	/	/
	环氧树脂自流平楼面	m²	605.00	/	/
	原墙面处理	m²	1260.00	/	/
	面砖墙面	m²	488.00	688.04	784.63
	涂料墙面	m²	772.00	/	/
	铝合金格栅顶棚	m²	310.00	/	/
	涂料顶棚	m²	110.00	318.94	486.70
8	交通洞吊物井				
	原楼面处理	m²	80.00	/	/
	环氧树脂自流平楼面	m²	80.00	/	/
	原墙面处理	m²	252.00	/	/
	面砖墙面	m²	188.00	/	/
	涂料墙面	m²	64.00	/	/
二、集控中心					
1	原楼面拆除	m²	58.00	/	/
2	防静电地板楼面	m²	80.00	64.4	74.24
3	原墙面处理	m²	176.00	/	/

续表

序号	名称及项目	单位	初设工程量	合同工程量	完成工程量
4	防火吸音板墙裙	m^2	30.00	/	/
5	涂料墙面	m^2	176.00	/	/
6	乙级防火门（1500mm×2100mm）	个	1.00	1	1
7	乙级防火门（1000mm×2100mm）	个	3.00	3	3
8	90 系列铝合金窗	m^2	33.00	/	/
金属结构工程部分					
一、金属结构设备及安装工程					
1	进水口拦污栅 4.8m×3.5m（防腐）	m^2	50.00	/	/
2	进水口检修门 4.8m×3.5m（防腐）	m^2	50.00	/	/
3	进水口事故工作门 2.0m×2.0m（防腐）	m^2	15.00	/	/
4	尾水闸门 2.5m×2.75m（整体更换液压启闭机操作控制系统）	套	2.00	/	/
5	压力钢管外壁防腐处理	m^2	942.00	602	798.8
6	运杂三项费	%	6.21	/	/

第二节　工程建设简况

一、施工准备

2017 年 10 月 12 日，湖北省水利厅已批复了谷坪水电站增效扩容改造工程初步设计报告。

2018 年 1 月 17 日，项目法人与主机厂家签订了《谷坪水电站增效改造项目一标段水轮发电机组采购》合同。

2018 年 1 月 18 日，项目法人与中标单位安装单位签订了《谷坪水电站增效改造项目第六标段安装工程》合同。

2018 年 2 月 19 日，项目法人与项目设计单位设计院签订了《谷坪水电站增效扩容施工设计》合同。

2018 年 2 月 20 日，项目法人与项目监理单位签订了《谷坪水电站增效改造工程项目施工监理》合同。

2018 年 2 月 20 日，项目法人与变压器厂家签订了《谷坪水电站增效改造项目三标段变压器采购》合同。

2018 年 2 月 27 日，项目法人与高压配电设备厂签订了《谷坪水电站增效改造项目四标段高压配电设备采购》合同。

2018 年 3 月 17 日，项目法人与监控系统设备厂签订了《谷坪水电站增效改造项目二标段励磁系统、监控系统采购》合同。

2018 年 4 月 18 日，项目法人与调速器系统厂家签订了《谷坪水电站增效改造项目微机调速器系统及附属设备采购》合同。

2018 年 6 月，项目法人与电缆设备厂签订了《谷坪水电站增效改造项目五标段电缆及桥架采购》合同。

2018 年 7 月，项目法人与土建承包单位签订了《谷坪水电站增效改造项目主体工程及附属建筑物的土建、装修和照明施工承包》合同。

2018 年 9 月 6 日，召开四方联络会议，7 日正式开工。

二、项目施工分标情况

谷坪水电站增效改造工程项目共分为 7 个标段，具体如下：

第一标段为水轮发电机组采购，主要采购内容为 2 台水轮发电机组及其附属设备等。

第二标段为励磁系统、监控系统采购，主要采购内容为 2 套励磁系统、集控系统、厂级控制部分及 2 套现地控制部分等。

第三标段为变压器采购，主要采购内容为 1 台主变压器及 2 台厂用变压器等。

第四标段为高压配电设备采购，主要采购内容为22面开关柜及部分封闭母线。

第五标段为电缆及桥架采购，主要采购内容为高压、低压动力电缆，控制电缆，电缆桥架等。

第六标段为安装工程，主要内容为设备的拆除及安装。

第七标段为工程监理，主要内容为整个项目的监理工作。

三、重大设计变更

谷坪水电站增效扩容改造工程无重大设计变更。在施工过程中，依据现场实际情况，严格按照设计变更流程要求，进行了部分设计优化，主要包括：依据设计院2018年11月10日送出的设计通知单《关于谷坪水电站地下厂房改造装修部分修改的通知》要求，将厂房地表（主副厂房、中控室楼梯、电梯入口）原设计防滑地砖改为20mm厚600mm×600mm浅灰色花岗石地表，厂房吊顶原设计铝合金格栅吊顶取消，其他维持不变。

依据设计院2019年5月3日送出的设计通知单《关于提升机组调速器系统油压设备相关表计接线的通知》要求，提升1号、2号机组调速器系统油压设备相关表计接线，相应图纸修改如下：

机组监控屏端子接线图，提升2根电缆，电缆编号为：1（2）TYY-451，电缆型号：ZR-KVVP2-7×1.5，电缆去向为：1号、2号机调速器系统油压设备电接点压力表1、2。

机组监控屏端子接线图，提升2根电缆，电缆编号为：1（2）TYY-452，电缆型号：ZR-KVVP2-4×1.5，电缆去向为：1号、2号机调速器系统油压设备压力变送器。

机组监控屏端子接线图，电缆1（2）LCU-118，型号：ZR-KVVP2-4×1.5，电缆去向修改为：1号、2号机调速器系统油压设备电接点压力表3。

依据设计院2019年5月3日送出的设计通知单《关于提升机组润滑油泵相关表计接线的通知》要求，提升1号、2号机组润滑油泵相关表计接线，相应图纸修改如下：

机组监控屏端子接线图提升 4 根电缆，电缆编号为：1（2）RHY-452、1（2）RHY-453，电缆型号：ZR-KVVP2-4×1.5，电缆去向分别为：1 号、2 号机润滑油泵高位油箱油位变送器、1 号、2 号机润滑油泵回油箱油位变送器。

依据设计院 2019 年 5 月 3 日送出的设计通知单《关于提升机组蝶阀相关表计接线的通知》要求，提升 1 号、2 号机组蝶阀油泵相关表计接线，相应图纸修改如下：

公用监控屏端子接线图，提升 3 根电缆，电缆编号分别为：DF-453、DF-454、DF-455；电缆型号分别为：ZR-KVVP2-7×1.5、ZR-KVVP2-4×1.5、ZR-KVVP2-7×1.5；电缆去向分别为：蝶阀油压设备电接点压力表、蝶阀油箱油位计、蝶阀回油箱油位计。

依据设计院 2019 年 5 月 3 日送出的设计通知单《关于修改部分二次电缆接线的通知》要求，部分二次电缆接线作如下调整：

（1）调速器系统端子接线图，电缆 1（2）TS-145 提升 2 芯接线。

（2）机组监控屏端子接线图，提升 6 根电缆，电缆编号、型号及去向见通知单内容。

四、工程建造过程

1. 主机部分

2018 年 1 月 11 日在主机厂家会议室召开谷坪水电站改造工程一标段第一次联络会。

水轮机部分：会议确定水轮机转轮型号选用 A855，导叶为 20 个，转轮为 15 个叶片；机组中心高程与原机组一致，蜗壳进水管高程不变；尾水管采取十字架补气；主轴密封采取接触式密封，另加主轴护套；由厂家提供水轮机拆装方案。

发电机部分：会议要求厂家在二联会前提供发电机拆装方案；稀油站采取原有方案；二联会前提供发电机短路特性曲线、功率圆图、空载特性曲线、通风冷却计算结果、电磁计算、临界转速计算结果等；二联会前提供发电机定子电容电流数据、励磁参数、油气水参数等；转子上预留现场动平衡配重用的平衡块安装位置。

2018 年 3 月 2 日在主机厂家会议室召开谷坪水电站改造工程一标段第二次联络会。

水轮机部分：会议要求导叶设计应避免最大可能开度进入流道造成脱硫，也应避免碰撞转轮叶片进水边；导水机构控制环采取单推拉杆结构，便于调速器系统的外置式单接力器配合；尾水管除采取自然补气外，另留有强制补气的接口；厂家应提供尾水补气量的计算；厂家提供前盖钢强度的相关业绩的证明材料；每只导叶与导叶臂之间采取两件锥销来传递扭矩；厂家应提供调节保障计算成果；提供水轮机主轴密封漏水量。

2. 发电机部分

发电机电磁参数报告、通风冷却计算结果在 3 月中旬提供给业主；制动器采取 2.5MPa 气压制动，并提供制动用气量；以厂家现场测量为依据，设计 2 套相同的稀油站，现场安装时按实际稀油站的体积大小满足机组运行的情况由业主自行处理；定子测温元件用双支；轴承、空冷器测温元件用单支；推力瓦测温点提升为 2 个（上下各 1 个测点）。

设备到货后，由业主单位与施工单位共同接收，严格对照设备清单完成设备清点工作，并由相关责任人签字存档。

2018 年 9 月 14 日第一台转子拆除并转运至指定场地，9 月 17 日第二台转子转运出厂房，10 月 5 日机架、蜗壳拆除完成转运至厂外，10 月 20 日新蜗壳、尾水管及附件到场，11 月 7 日发电机组及轴承到场，11 月 15 日转运发电机定转子至厂内，11 月 16 日蜗壳现场验收，11 月 30 日发现 2 台机转子磁极异常，联系厂家进行处理。2019 年 1 月 4 日发现轴颈异常，联系厂家，厂家派人进现场检查处理，1 月 27 日机组回装基本完成。

水轮发电机组中心点、高程以及方位的安装：定位机组的安装标准点主要包含机组进水蝶阀中心高程和其中心线，尾水管法兰高程及中心线、蜗壳前后止漏环，X、Y 轴线及高程点放样，接力器基础板实际位置的测定。机组蜗壳前后中心线及高程是整个机组安装的基准，其他所有部件的安装球心均以止漏环为基准。检查底环至顶盖的开膛值，并依据导叶高度及端面总间隙配车，确保导叶双面总间隙为 0.25mm。顶盖安装面与底环安装面轴向垂直度均要求在 0.07mm/m 内。

蜗壳安装：蜗壳的安装高程由厂房内部的蝶阀中心高程所决定，X、Y 中心线参考尾水弯管法兰数据。蜗壳的高程和安装完毕后所产生的几何中心线决定了之后机组其他所有部件的球心数据。故对蜗壳安装的高程、水平及垂直度要求较高。当蜗壳位置调整完毕后将蜗壳底部的调整楔子板焊接牢固，待二期混凝土浇筑完毕后，对其相关数据进行再次检查测量。蜗壳法兰焊缝焊接完毕后采取超声波探伤检查，检查结果无异常（详情见第三方检测的超声波探伤报告）。蜗壳水压试验在生产厂家出厂时已经试验完毕，检查结果无异常（详情见设备出厂检测报告）。蜗壳地脚原先设计为 6 组 M42*1000 的拉锚螺栓，在安装过程中增设了 4 组拉锚螺栓。所有拉锚螺栓均与地下的钢筋网焊接为一体，焊接完毕后再浇筑二期混凝土。蜗壳与蝶阀的连接螺栓为 M42*130，共计 24 颗。每两个螺孔中设有 1 个加强筋板，共计 12 个。二期混凝土为商砼 C25，浇筑完毕后检查其强度和回弹值均满足要求。该检测为第三方检测机构检测。

水轮机导水机构的设计与安装：导水机构由 20 片活动导叶、底环、顶盖及操作机构共同构成。顶盖及底环分别布置在蜗壳的上、下止漏环处，且均为整体结构。顶盖的基础材料为 Q345R，底环的基础材料为 Q345C，导叶轴套采用 SF-1 自润滑轴套，顶盖、底环和 20 片活动导叶的抗磨环需使用耐磨损、抗腐蚀的不锈钢材质进行铸造。顶盖和底环之间的距离应为导叶上端面至下端面的长度和设计的端面总间隙之和，导叶长度为 210.6mm，设计导叶与顶盖、底环的总间隙为 0.12 ~ 0.38mm，现装配完毕后导叶端面总间隙为 0.25mm，满足设计要求。

谷坪水电站机组底环安装：机组安装的基础是底环中心线与高程，其准确定位对整体安装过程尤其重要。以蜗壳的下止漏环为基准，挂设钢琴线，使用测量棒，找准底环中心位置。待中心位置基本确定以后，按照对称方向拧紧4颗定位螺栓后检查底环与下止漏环是否在此过程中发生位移，若有位移较小则通过紧固螺栓的方式调整回原先定位的位置，若位移较大则松开螺栓重新定位，若无位移则继续对称紧固螺栓，直至底环与下止漏环的安装面无间隙（使用0.05mm塞尺检查）。当螺栓全部紧固完毕后再次检查底环的中心位置。

顶盖安装：谷坪水电站机组顶盖和蜗壳装配，以蜗壳的上止漏环和顶盖中心为基准，挂设钢琴线，使用测量棒，找准顶盖中心位置。待中心位置基本确定以后，按照对称方向拧紧4颗定位螺栓后检查顶盖与上止漏环和底环中心是否在此过程中发生位移，若有位移较小则通过紧固螺栓的方式调整回原先定位的位置，若位移较大则松开螺栓重新定位，若无位移则继续对称紧固螺栓，直至使用0.05mm塞尺检查顶盖与上止漏环的安装面无间隙。当螺栓全部紧固完毕后再次检查顶盖的中心位置。

导叶及其操作机构安装：导叶采取不锈钢整体铸造，共计20个。每个导叶设有3个自润滑轴承轴套，上端轴套和中端轴套镶嵌于顶盖前后两侧，下端轴套镶嵌于底环内侧。导叶操作机构由拐臂、定位销、定位销压板、可调整双头螺母（为可调整立面间隙的双头螺杆设备）、剪断销、剪断销信号设备等部件组成，将导叶与控制环及接力器相连接。导叶安装完毕后对导叶开口进行检查，按图纸要求导叶最大开口值为75.9±1.52，导叶开口的平均值为75.9±1.14。经测量检查得到导叶开口平均为75.5，故满足设计要求。装配过程中在操作机构的配合面均加注钙基润滑油，导叶运动机构开关动作协调，无卡阻情况。

导叶端面间隙和立面间隙调整：导叶的端面、立面密封均为刚性密封，对其安装要求较高。依据设计要求，端面密封的总间隙要求在0.12～0.38mm，其上下端面间隙分配均为0.06～0.19mm。装配过程中全部按照上端面间隙0.15mm，下端面间隙0.10mm，总间隙0.25mm进行分布。立面间隙的刀口与靠背的密闭性较好，当立面间隙调整完毕之后对其进行检查，使用 0.03mm 塞尺全部不得通过，认定为立面间隙全部为“0”。国标要求当导叶全关时，运行在导叶高度的 1/4 范围内其局部间隙不大于 0.10mm，其余范围用 0.05mm 塞尺检查时不允许通过。故谷坪水电站两台机组的导叶端面、立面间隙满足相关要求。

转轮安装：谷坪水电站转轮选型为哈尔滨电机厂研发的 855a 转轮，转轮型号为 HLA855a-WJ-90。转轮为铸焊结构，及叶片整体铸造，上冠和下环分别铸造，在工厂组焊加工成整体转轮。转轮与大轴连接方式为锥形键槽配合连接，大轴端部设有螺纹与泄水锥把合，泄水锥底部设有紧固螺母 1 颗。制造单位制作有转轮安装拆卸的专用工具，使用专用工具将转轮预装至设计位置。预装完成后拆除转轮检查键槽配合情况，满足相关要求。

检查转轮上冠、下环与顶盖、底环配合的迷宫环间隙，图纸要求上、下迷宫环径向单边间隙应为 0.35 ~ 0.60mm。在转轮静态时经实际测量得出，上迷宫环（转轮上冠与顶盖内圆）间隙满足设计要求，故顶盖内圆作为之后安装和检修的参考基准面。下迷宫环（转轮下环与底环内圆）较小，最低处总间隙仅为 0.45mm，经协商由安装单位现场对底环内圆进行打磨处理。打磨处理完毕后检查下迷宫环双边总间隙为 1.25mm，满足设计要求。

主轴密封安装：谷坪水电站主轴密封采取填料式密封，该密封由 4 层编织聚四氟乙烯材料的密封方形密封条组合而成，在第二层和第三层填料密封中间位置设有工字环，工字环设有用来冷却和润滑的清洁水，水压为 0.2 ~ 0.25MPa。主轴密封系统由密封座、密封条、工字环、压垫盖、接水盒等部件组合而成。密封座为分瓣组合结构，密封座上端部设有直径为 15mm 的进水管，下端部设有直径为 50mm 的排水管。密封条由压垫盖的螺杆调整其压紧程度，均匀调整压紧程度，确保受力均匀，压缩力度合适。

控制环及接力器安装：安装控制环前，对控制环抗磨板的平整度、高度、曲线度、光滑面等进行检查，确保无异常以后涂抹钙基润滑油。调整控制环与顶盖的同心度，调整控制环位置保障控制环与拐臂能全部链接到位。当控制环与拐臂链接以后，将转动控制环至导叶全关位置，定出接力器基础位。

谷坪水电站水轮机设置为外置调速器系统，单接力器操作导水机构。接力器从全关位置至全开位置控制环共计旋转 8.92°。接力器油压设备为整体发货至谷坪水电站，其中操作电磁阀、管路、表计等原件均为安装完毕的整体，现场仅需要将接力器油缸与调速器系统相连接即可。储能罐、控制机构、测量表计均位于回油箱上端部。油箱由地脚螺栓进行固定，固定完成后浇筑二期混凝土。

在接力器位置精确定位以后焊接接力器支架，接力器与支架为螺栓连接。在连接完毕后再次检查接力器操作导水机构是否能满足要求，当满足要求后再浇筑二期混凝土。

尾水管安装：谷坪水电站尾水管由尾水弯管、补气环、真空破坏阀等设备组成。补气设备为十字架补气，并预留有强制补气设备。真空破坏阀配合十字架补气为常用补气系统，预留的强制补气为备用补气系统。

尾水弯管两侧的法兰为方便安装出厂时仅点焊，在现场调整与底环连接位置后再进行焊接。尾水弯管法兰每两颗螺孔之间均设有筋板，共计 16 个。焊接完成后由第三方检测机构进行了焊缝的超声波探伤检查，无异常。详情见第三方超声波检测报告。在补气环顶部和尾水弯管底部各设置有两块真空压力表，以用来检测尾水压力情况。

发电机基座安装：发电机基座为整体焊接完成，并在生产厂家完成水平度校正。该基座长 4235mm，宽 3350mm，高 330mm。基座均分有 8 颗 M42×1000 的地脚拉锚螺栓（该螺栓使用原有的地脚螺栓，部分螺孔与螺栓有局部错位，在基础板上重新开孔）。基座两侧有 4 个基座千斤顶用来调整和支撑。

基座螺栓下部装有专用的楔子板，以用来调整基座的高度和水平，该楔子板在基座整体调整完毕以后均焊接为一体。楔子板使用最多的为 11×22×245 的钢板，斜率为 0.04。最厚的楔子板有宽边为 33mm 的钢板。

基座的高程、水平调整均以蜗壳的顶盖中心线分布，调整过程中以钢琴线和红外线两条线路来精确定位基座位置。基座最终的高程、水平随着机组盘车情况而调整。

定子安装：谷坪水电站定子为整体装配完成后直接运输至现场工地，定子线圈共计 96 组，槽楔 288 个，定子总重 14250kg。定子下端部设有专用的起吊孔洞，两侧设有钢化玻璃观察孔。定子坐落于定子基座上，由 6 颗 M48*110 的螺栓把合，两颗 25*120 的螺尾锥销定位，与基座接触位置加装绝缘垫板。当定子整体吊装完毕后，对定子进行了相关的电气试压，均满足试验要求。

轴承座安装：谷坪水电站单机为两套轴承座，分别为径向轴承座（飞轮侧后轴）和径向推力轴承座（转轮侧前轴）。轴承座在吊装之前对轴承座内部进行清扫和重新涂刷耐油的绝缘油漆，并对轴承座进行了渗漏试验，试验合格。

轴承座坐落在定子基座上，在结合部位只加配了绝缘垫板，并未加铜皮垫片。轴承座的中心位置和至蜗壳、发电机的距离由顶盖中心线和轴向距离所决定，轴承座的高度和水平均由基座整体调整。调整位置时，在顶盖径向中心为放出铅垂线和和红外线，依据图纸要求调整轴承座适宜的位置。综合考虑后，待位置确定后现场对定位销钉进行绞孔，再打紧销钉定位，定位后打紧轴承座地脚螺栓。

转子安装：谷坪水电站转子总长 5395mm，总重 15590kg，转动方向从集电环端部看为顺时针方向。转速为 750r/min，在飞逸转速 1580.8r/min 下可运行 5min。

在转子安装之前对转子磁极进行检查，发现部分磁极键有松动情况。经协商由生产厂家派遣技术人员到现场处理，重新打紧磁极键，处理方式为冷打磁极键，并对部分地方重新喷涂绝缘漆。装配时在径向对称位置上的两个磁极重量相差没有超过 0.1kg。磁极长度方向上的中心位置相对于磁轭轴向方向的中心位置偏差不大于 1mm，各相邻极件距离（在极靴元鼓面侧边缘处测量）相差不大于 2mm，满足图纸要求。处理后的磁极键咬合紧密，突出较长的磁极键将其切割，并对磁极键进行点焊。极间联系与并头套用锡焊接牢固可靠处理完毕后对转子进行相关电气试验，试验结果满足要求。

谷坪水电站 2F 机组前轴轴颈处有局部位置平整度不满足要求，生产厂家到现场勘查后确认不会在运行时对振动和瓦温造成影响，故暂不处理。若在开机过程中出现振动大或者瓦温高等问题，由生产厂家负责解决问题。

在转子吊装完毕后，再对转子的前后风扇及风扇座进行安装，风扇共计 16 组。风扇表面光洁，无裂纹和损伤，每个风扇螺栓下均加装了锁片对紧固螺栓进行锁定。

定子与转子的空气间隙均匀，满足标准要求。

轴瓦研磨及调整：谷坪水电站的推力瓦和前轴径向瓦相结合，推力瓦螺钉镶嵌于前轴径向瓦端部。单台机组的推力瓦为 10 块，推力瓦不可自调节，推力瓦高度受力调整的要靠推力瓦背后的调整垫片进行加减垫片调整。

在轴承座安装之前对推力瓦和径向瓦进行粗刮。对推力瓦进行找平和高度调整，保障其厚度一致，单台机组的推力瓦厚度差不超过 0.02mm。将其整体调整完毕以后，使用研磨台倒放对推力瓦进行研磨，逐步调整至每块推力瓦受力均匀，无明显偏磨情况。对径向瓦进行配车研刮，调整至均匀受力，无明显高光点和偏磨情况。

待盘车过程中对瓦的接触面不断进行调整和研刮，最终得到推力瓦、径向瓦的接触面达到 75% 以上，每平方厘米有 2 ~ 3 个接触点。径向瓦顶部间隙设计值为 0.62 ~ 1.25mm，现场协商认定设计值较大，现调整完毕后顶部间隙为 0.55mm。推力瓦间隙设计值为 0.4 ~ 1mm，现调整完毕后为 0.70mm，满足设计要求。

制动系统及集电环安装：谷坪水电站制动器为气压式制动器，该制动器位于机组飞轮底部，固定在机组的延伸端，两个制动器距离飞轮的距离合适且相等。制动器进气压力为 2.5MPa。集电环位于飞轮外侧，设有专用的端罩。

在装机过程中发现水轮机转轮迷宫环间隙小于轴承瓦间隙，同时，导水机构中顶盖与底环存在一定的不同心情况。经设计、业主、监理、施工联合商讨后决定将转轮下止漏环位置进行再次车圆，减小一定转轮下止漏环直径，以扩大下止漏环间隙，同时也减小了顶盖与底环的不同心度。最终，经测量，相关技术指标满足设计及相关规程要求。

3. 监控、励磁系统部分

2018 年 3 月 28 日至 29 日在监控设备厂家主楼一楼会议室召开谷坪水电站改造工程二标段第一次联络会，与会单位有公司、设计院有限公司、主机厂家。

会议要求网络结构方式按照扩大厂站通信方式设计；谷坪水电站机组和公共施耐德昆腾 140 系列 PLC 由于减产改为施耐德 Quantum+ 系列；谷坪水电站渗漏排水泵控制柜、空压机控制柜、尾水闸门控制柜各提升 1 台交换机，共提升 3 台交换机；谷坪水电站取消 1 套 UPS 电源系统，增至集控中心；主服务器型号采取 HP DL580 G9，其余计算机都采取 HP DL388 Gen9；将机组 LCU 屏中用于水机事故、渗漏排水泵控制柜、空压机控制柜、尾水闸门控制柜中施耐德 TWD 系列 PLC 改为 M340；谷坪水电站公用 LCU 屏提升 1 面屏体，用于安装交流采样、蝶阀油压设备的控制回路等设备；谷坪水电站机组 LCU 屏、公用 LCU 屏采取多模光纤与控制室通信，光纤交换机采取多模光口；自动准同期设备由怀化超人改为深圳国立智能 SID-2AS 或者南京科明 CM-320；提升 1 套横向隔离设备，型号为 stone-wall-2000（正向）；所以显示器都采取 HP 24；提升 8 对东土电信的单模光纤收发器；励磁调节器采取 NES6210 或者 EXC6000。

2018 年 4 月 20 日在监控设备厂家国际技术交流中心召开谷坪水电站改造工程二标段第二次联络会，与会单位有业主单位、设计院有限公司、主机厂家。

会议要求，尾水闸门 LCU 屏控制原理图按照原有图纸设计，由于尾水闸门不便于安装闸门开度传感器，闸门开度显示设备无法采集闸门开度信号，2 套闸门开度显示设备暂不供货；谷坪水电站渗漏排水泵 LCU 屏、空压机 LCU 屏、尾水闸门 LCU 屏 PLC 与触摸屏直接通信，提升 300m 通信线；自动准同期设备换型（共计 3 台单点），自动准同期设备应经过同步检查继电器合闸；励磁调速器系统采取 E×C9100；2 套机组 LCU 屏 RTD 模块由 12 个改为 8 个，提升 2 个 DI 模块、2 个 AI 模块；主服务器和历史数据服务器（共 2 台）改为分别安装在 1# 服务器屏和 2# 服务器屏上；所有屏柜颜色统一采取 RAL7035；所有屏柜内号码筒采取双向标号；机组 LCU 屏、公共 LCU 屏内两侧各提升 20 个备用端子；集控中心与厂站层应能实现权限切换功能。

设备到货后，由业主单位与施工单位共同接收，严格对照设备清单完成设备清点工作，并由相关责任人签字存档。

2018 年 9 月 22 日厂内所有电气一、二次设备拆除完成并转运至业主指定场地，10 月 15 日电缆拆除完成，11 月 6 日励磁柜、励磁变等励磁系统设备到场，11 月 24 日所有二次盘柜到场，11 月 29 日所有电气设备安装就位，12 月 7 日监理下发电气一、二次图册及电缆清册。

安装过程严格按照设计设备分布图安装各盘柜、箱，就位后的设备与其位置号一致，盘柜采取落地式安装，依据设计要求用 M12 螺栓与基础连接或点焊牢固。成列电气盘柜安装时，先将每个盘柜吊装到位，整体大概调到水平位置，然后自左向右或者自右向左精确调整第一块电气盘柜，再以该电气盘柜为基准按顺序逐个地调整其他电气盘柜。经调整的电气盘柜应盘柜与盘柜之间无明显缝隙，盘面排列一致，同时依照标准规定使用螺母进行固定。调整后不同系统的相邻两块盘柜间缝隙，用 M10 的螺栓连接。控制箱采取壁挂式或支架式安装，用膨胀螺栓固定牢固。盘柜、箱安装好后，用 $35mm^2$ 编织铜线将盘柜、箱内接地母排或接地螺栓与预留接地端子可靠连接。成列安装的盘柜为了便于接地，在电缆孔旁铺设一根 -50×5 的镀锌扁钢，两端与预留接地端子可靠焊接，再在每一盘柜电缆孔处焊一颗 M10×35 的螺栓，用于各盘柜的接地连接。

4. 变压器部分

2018 年 3 月 21 日，在变压器厂家五楼会议室召开了谷坪水电站增效改造工程项目设计联络会，双方代表就现过程中需解决的技术方案及其他相关的问题进行了深入的讨论和沟通。

会议要求，主变高压侧升压座预留连接封闭母线法兰，法兰尺寸提供给甲方；主变低压侧采取延伸弯曲连接接头与套管连接，其延伸段与低压出线电缆连接，接头裸露部位做密封罩保护，密封罩底板开孔用于出线电缆，并用橡皮保护圈保护电源，密封罩设置固定支架与主变本体固定，主变低压侧每相下方设置 3 个电缆上行固定支撑；冷却方式按自冷方式设计；硅钢片型号应不低于武钢 30Q120 硅钢片性能要求，同时须满足主变损耗、温升等技术要求；主要材料及附件需提供原厂合格证及原厂试验报告；油箱及散热器油漆颜色选定为飞机灰 G10；温度计设置在主变短轴上，分两面设置；主变铁芯通过小套管引出接地，夹件通过在油箱内部接地；运输方式为充油运输，运输中需采取记录仪监视并有运输监视记录；厂用干式变雷电冲击耐压按 6kV 标准；厂用干式变告警温度 155° 按 F 级绝缘改为 130°，跳闸温度由 170° 改为 150°；规定到货时间为 2018 年 6 月 1 日，具体时间由买方提前一个月书面通知卖方。

2018 年 8 月 1 日，在变压器厂家二楼会议室召开了谷坪水电站增效改造工程项目三标段变压器设备出厂验收会议，双方代表就出厂技术文件及相关问题进行沟通，会议要求，主变厂家在技术文件中提供主材、硅钢片型号、线圈及绝缘材料材质证明文件；主变厂家在技术文件中提供局部放电试验、绕组变形试验、温升试验、温度计试验报告；主变厂家在技术文件中提供主变短路计算承载能力及冷却量计算书；主变厂家要充分考虑主变装车后通过谷坪交通洞的尺寸（弧顶总高 5.1m，宽 5.1m）；尺寸必须满足现场安装要求。

2018 年 9 月 25 日新主变到场并就位，主变在运输到安装地点后，用 50t 起吊卸车，起吊时所有钢索均衡受力，平衡吊起，依据制造厂要求，吊索与铅垂的夹角不宜超过 30°。起吊由专人指挥，缓缓起吊。主变本体倾斜角不超过 15°。

吊起主变后，用钢支墩和千斤顶支起，检查清扫主变本体上小车连接螺孔，然后将主变吊放到运输小车上，进行连接，螺栓紧固后，再次下降主变本体直至钢丝绳松劲，检查并紧固螺栓后摘钩，同时核对高低压侧方向。用50t汽车吊将主变从平板车上吊起，而后旋转至主变场上方。对准安装位置，缓慢落下。

变压器就位后，按预先测量放点的变压器十字方向校准线，反复调整中心、水平均符合要求后，用专用卡轨器将变压器小车轮子卡死，并将运输小车上的止动板回装好，最后将变压器外壳接地。之后完成对主变附属设备的安装。

2018年10月31日完成主变压器安装，2019年1月19日完成厂用变压器安装，5月23日谷坪水电站主变冲击合闸试验。

5. 调速器系统部分

2018年5月11日，由调速器系统厂家、公司、设计院，就谷坪水电站调速器系统有关技术问题进行了认真研讨。

会议要求，柜体及回油箱使用劳尔色卡RAL7035色号喷涂；调速器系统PLC采取双套冗余设计，油泵控制由监控系统完成；提升4个继电器作为主令控制器，接力器要求安装全开全关位置开关，并在端子排内预留接线位置；电器柜面板包括孤网运行指示灯；提升过速115%、140%开出继电器用于送信号至监控，信号接入外送端子排，继电器选用双常开接点型；油泵出口提升截止阀便于检修；电器柜内电气接线白头采取双向标号，柜内元件全部标注元件编号。

2018年9月28日至29日，公司、设计院有限公司、水利水电勘察设计院、调速器系统厂家的工程技术人员，对谷坪水电站调速器系统设备进行了出厂验收。验收小组首先听取了卖方关于谷坪水电站调速器系统的设计、生产、质量检查等情况的汇报，按合同要求见证调速器系统设备出厂试验，依据验收情况召开验收会议。

依据国标验收要求进行了油压设备的保压、耐压试验，机械设备的功能动作验证试验，机电联动、模拟故障、双机切换、静特性、模拟空载、负载等试验，试验结果均合格且满足国标要求。试验完成后双方协商以下项目需要整改：柜内的线号使用双向标记；回油箱需重新喷漆；柜内的所有元器件需要黄色标签纸标明；压力变送器信号送至调速器系统 PLC，在触摸屏上显示压力值，并通过 AO 转至端子排，供监控使用；电机方向旋转 180° 安装等，具体见附件。

6. 开关部分

2018 年 3 月 13 日至 14 日在高压开关厂家总部召开了谷坪水电站增效改造高压开关柜设计联络会，参加会议的单位有：公司、设计院有限公司、高压配电设备厂。

35kV 开关柜部分：会议要求断路器柜为电源进线侧；触头盒式互感器采取支柱式互感器，且为 5 绕组互感器，装于进线共箱式母线侧；柜内安装的带电显示器需具有核相功能；真空断路器真空泡采取陕西宝光真空泡；除接地排以外柜内母排需套热缩套管，铜排搭接头处做镀锡处理；开关柜需考虑防潮处理，加装凝露控制器及加热器；开关柜颜色确定为 RAL7032，眉头为红底白字。

6kV 开关柜部分：主变进线柜 CT 绕组由两组提升为 3 组，分别为 5P30/5P30/0.2s；真空断路器真空泡采取陕西宝光真空泡；安装柜内的微机保护设备厂家暂时采取招标文件要求的、投标文件响应的国电南自公司产品；除接地排以外柜内母排需套热缩套管，铜排搭接头处做镀锡处理；开关柜需考虑防潮处理，加装凝露控制器及加热器；开关柜颜色确定为 RAL7032，眉头为蓝底白字；电流及电压回路接线线径以保护接线为准；所有断路器柜配置接地开关，并配辅助上传；电源侧接地开关的闭锁由后台判断并依据后台判断结果进行手动合分，开关柜内不做闭锁；进线及母联柜接地开关常闭辅助接点串入断路器合闸回路；发电机进线柜（谷 01 及谷 09）电流互感器 5P30 绕组不接地；主变出线柜靠近母线侧绕组 5P30 不接地；PT 剩余绕组侧装设绝缘监测继电器，并以指示灯形式示警；谷 06 联络柜与谷 11 柜设置电气闭锁，保障两段母线同时带电时，禁止合谷 06 联络开关，且在柜面设置解除闭锁压板；谷 07 柜自身设置电气闭锁，保障本柜进出线侧均有电时，禁止合本柜电源。

6.3kV 机旁柜部分：开关柜外形尺寸以现场核实为准；除接地排以外柜内母排需套热缩套管，铜排搭接头处做镀锡处理；开关柜需考虑防潮处理，加装凝露控制器及加热器；开关柜颜色确定为 RAL7032，眉头为蓝底白字；开关柜内需设置电缆捆绑夹并做绝缘处理。

第三节 项目管理

一、机构设置及工作情况

1. 项目法人

2018 年 9 月 12 日，项目法人为保障谷坪水电站增效改造项目的顺利进行，公司成立了以公司副总经理为组长的项目工作领导小组，全面负责项目实施事宜；公司成立了项目指挥部，负责项目实施期间对内、对外的组织协调工作；为便于开展工作，项目部下设 8 个工作小组，分别为一次组、二次组、机械组、厂房组、质量验收组、安全组、财务组和后勤组。

在整个项目的实施过程中，各级人员均能各负其责、同心协力，确保项目的顺利实施。

2. 工程设计单位

依据项目施工和业主的要求，设计单位提供施工设计，并派驻了设计联系代表，向建设单位和相关单位进行施工设计技术交底及相关咨询，为工程建设提供全面优质的设计服务。

3. 工程监理单位

依据工程建设特点，监理单位组建了谷坪水电站增效扩容改造项目施工监理处，监理处实行总监理工程师负责制。监理处按两级设置，并采取直线型结构，设总监理工程师、监理员。

监理单位依据工程类别和施工进展，编制了监理实施细则。通过严格执行施工单位的工程量计量单审核制度，对施工合同执行情况进行合理监督。

4. 项目施工单位

2018 年 9 月 1 日，安装公司成立了谷坪水电站增效改造工程项目部。设项目经理、项目副经理、项目技术负责人，并配备专职安全员、质量检测员、资料员、材料员等，并将公司任命文件及相关证书及时上报项目业主及监理单位审核批准。

2018 年 7 月 28 日，土建承包单位成立了谷坪水电站增效扩容改造工程项目部。设项目经理、项目副经理、技术负责人、施工负责人、质检工程师、现场安全工程师、施工工程师、测量工程师、材料员、预算员、造价员，并将公司任命文件及相关证书及时上报项目业主及监理单位审核批准。

5. 工程质量监督部门

质量监督的实施主要采取以抽查为主的监督方式，定期和不定期派人到工地进行质量监督检查，依据在检查中发现的问题，及时发出质量监督通报，提出整改要求。其主要工作有：对工程项目划分进行认定；对参建各方的质量行为进行检查；抽查项目施工质量；参与指导分部工程验收工作；主持监督单位工程外观质量评定；核定分部工程和单位工程质量等级。

二、主要项目招标过程

（1）上一年度 10 月 9 日，项目法人与招标公司签订了《谷坪水电站增效改造工程项目招标代理合同》。

（2）上一年度 11 月 5 日在公共资源交易中心网、招标公司网等相关媒介上发布了《谷坪水电站增效改造工程项目竞争性谈判公告》，第一、二、三、四标段投标文件递交截止时间为上一年度 12 月 8 日 9 时 30 分，第五、六、七标段投标文件递交截止时间为上一年度 12 月 9 日 9 时 30 分。

（3）上一年度 12 月 8 日 9 时 30 分，在公共资源交易中心进行了谷坪水电站增效改造工程项目第一、二、三、四标段的开标工作，当天上午开标结束后在公共资源交易中心进行了评标工作。最后确定了谷坪水电站增效改造工程项目第一、二、三、四标段的中标人分别为：主机厂家、监控系统设备厂、变压器厂家、高压配电设备厂。

（4）上一年度 12 月 9 日 9 时 30 分，在公共资源交易中心进行了谷坪水电站增效改造工程项目第五、六、七标段的开标工作，当天上午开标结束后在公共资源交易中心进行了评标工作。最后确定了谷坪水电站增效改造工程项目第五、六、七标段的中标人分别为：电缆设备厂、安装公司、监理单位。

三、合同管理

项目法人遵循增效改造项目相关规章条款的要求，制订了完备的合同拟定、审查、评审及会签规章细则，对各职能部门在增效改造项目合同管理中的责任做了详细划分。项目法人为方便合同管理，将各个合同主要内容如协议书、中标通知书、投标报价的工程量清单及单价分析表等装订成册，便于合同执行。

项目法人严格执行合同文件，督促监理，协调各方关系，搞好投资控制，保障工程质量和进度按合同要求实现。施工承包单位编制完成进度报表，经现场监理工程师核实签证工程量、总监审定，送相关管理部门核对无误后，由公司财务部门进行报销。

项目合同签订情况：

（1）项目法人与项目设计单位设计院签订了《谷坪水电站增效扩容项目初步设计》合同。

（2）上一年度 10 月 9 日，项目法人与招标公司签订了《谷坪水电站增效扩容改造工程招标代理》合同。

（3）2018 年 1 月 17 日，项目法人与主机厂家签订了《谷坪水电站增效改造项目一标段水轮发电机组采购》合同。

（4）2018 年 1 月 18 日，项目法人与中标单位安装单位签订了《谷坪水电站增效改造项目第六标段安装工程》合同。

（5）2018 年 2 月 19 日，项目法人与项目设计单位设计院签订了《谷坪水电站增效扩容施工设计》合同。

（6）2018 年 2 月 20 日，项目法人与项目监理单位签订了《谷坪水电站增效改造工程项目施工监理》合同。

（7）2018 年 2 月 20 日，项目法人与变压器厂家签订了《谷坪水电站增效改造项目三标段变压器采购》合同。

（8）2018 年 2 月 27 日，项目法人与高压配电设备厂签订了《谷坪水电站增效改造项目四标段高压配电设备采购》合同。

（9）2018 年 3 月 17 日，项目法人与监控系统设备厂签订了《谷坪水电站增效改造项目二标段励磁系统、监控系统采购》合同。

（10）2018 年 4 月 18 日，项目法人与调速器系统厂家签订了《谷坪水电站增效改造项目微机调速器系统及附属设备采购》合同。

（11）2018 年 6 月，项目法人与电缆设备厂签订了《谷坪水电站增效改造项目五标段电缆及桥架采购》合同。

（12）2018 年 7 月，项目法人与土建承包单位签订了《谷坪水电站增效改造项目主体工程及附属建筑物的土建、装修和照明施工承包》合同。

项目法人与参建各方在合同中明确规定了工程概况、参建范围、违约责任、争议仲裁、双方责任、合同依据、结算方式等事项，特别是在合同依据中采取合同通用条款、专用条款以及规范、规程等技术条款。在工程建设过程中，参见各方均以合同为依据、各司其职，各负其责。双方在合同签订后，均应遵循合同履行义务、行使权力，完成合同执行与兑现。勘测设计、招标代理机构以及监理等单位按照合同要求完成了规定任务，施工单位按照施工合同完成建设任务，工程质量满足合同和规范要求，设备采购单位按照合同要求及时提供了设备，其他单位则按照合同要求配合项目法人完成了工程建设任务。

四、材料及设备供应

本工程所有原材料和中间产品半成品、成品以及工程设备的检测检验单位由质量监督部门和业主共同指定，其他检测单位的检测结果无效。

五、资金管理

工程资金来源于国家财政补助和建设单位自筹资金。

为规范工程结算工作，依据《水利工程施工监理规范》（SL 288-2014）的有关条款要求，项目法人对工程价款的结算方式作了明确规定。价款结算均严格按照施工申报 — 现场代表审核 — 监理单位复核 — 项目法人审批这一程序执行，做到逐一把关。

由施工单位负责编写《工程量进度报表》，并将相应的工程量签证单、单元工程质量评定表以及计算书作为附件一并提交，报监理工程师审核，审核通过后再送项目单位复审，报业主单位相关领导审批后再由业主公司财务部门支付工程进度款。未出现因资金不到位、支付不及时而影响工程进度的情况，保障了工程的顺利进行。

第四节 工程质量

一、工程项目划分

2018 年 12 月 4 日，水利水电工程质量与安全监督站批复谷坪水电站增效扩容改造项目工程 1 个单位工程，9 个分部工程，114 个单元工程（实际完成 110 个）。项目划分情况见表 5-6。

表 5-6 谷坪水电站工程项目划分表

单位工程名称	单位工程编号	分部工程名称	分部工程编号	单元工程名称	单元编号	备注
谷坪水电站增效扩容改造工程	SGPZG	主厂房建筑装饰装修工程	SGPZG-1	甲级钢防火门	SGPZG-1-1-1	
				乙级钢防火门	SGPZG-1-1-2	
				成品防盗门	SGPZG-1-1-3	
				乙级平开钢防火窗	SGPZG-1-1-4	
				乙级固定式钢防火窗	SGPZG-1-1-5	
				主厂房 600mm×600mm 防滑地砖	SGPZG-1-2-1	
				其他区域 600mm×600mm 防滑地砖	SGPZG-1-2-2	
				300mm×300mm 灰色耐酸陶瓷砖	SGPZG-1-2-3	
				100mm 面砖踢脚	SGPZG-1-2-4	
				250mm 耐酸陶瓷砖踢脚	SGPZG-1-2-5	
				内墙抹灰	SGPZG-1-3-1	
				水泥砂浆墙裙	SGPZG-1-3-2	
				墙面砖墙裙	SGPZG-1-3-3	
				天棚基础处理	SGPZG-1-4-1	
				格栅吊顶	SGPZG-1-4-2	
				金属面油漆（盖板、钢爬梯、栏杆、钢柱）	SGPZG-1-5-1	
				乳胶漆（墙、顶面）（主厂房）	SGPZG-1-5-2	
				乳胶漆（墙、顶面）（厂房其他建筑物）	SGPZG-1-5-3	
				顶面喷黑（主厂房中间区域）	SGPZG-1-5-4	
				墙面梁面喷涂灰色乳胶漆（主厂房中间区域）	SGPZG-1-5-5	
				厂区盖板	SGPZG-1-6-1	
				1 #机组基础混凝土	SGPZG-1-6-2	
				2 #机组基础混凝土	SGPZG-1-6-3	
				M20 水泥砂浆抹灰	SGPZG-1-6-4	
				配管、配线安装	SGPZG-1-7-1	
				照明器具安装	SGPZG-1-7-2	
				开关及电源插座安装	SGPZG-1-7-3	
				电气调整试验	SGPZG-1-7-4	
				标识牌安装	SGPZG-1-8-1	

续表

单位工程名称	单位工程编号	分部工程名称	分部工程编号	单元工程名称	单元编号	备注
谷坪水电站增效扩容改造工程	SGPZG	办公楼建筑装饰装修工程	SGPZG-2	防静电地板安装	SGPZG-2-1-1	
				不锈钢踢脚	SGPZG-2-1-2	
				300mm×300mm 灰色耐酸陶瓷砖	SGPZG-2-1-3	
				250mm 耐酸陶瓷砖踢脚	SGPZG-2-1-4	
				甲级模压板防火门	SGPZG-2-2-1	
				乙级模压板防火门	SGPZG-2-2-2	
				乳胶漆（墙、顶面）	SGPZG-2-3-1	
				配管、配线安装	SGPZG-2-4-1	
				照明器具安装	SGPZG-2-4-2	
				开关及电源插座安装	SGPZG-2-4-3	
				电气调整试验	SGPZG-2-4-4	
		1#水轮发电机组安装工程	SGPZG-3	1# 水轮机尾水管安装	SGPZG-3-1	
				1# 蜗壳安装	SGPZG-3-2	
				1# 接力器基础安装	SGPZG-3-3	
				1# 水轮机转轮装配安装	SGPZG-3-4	
				1# 水轮机导水机构安装	SGPZG-3-5	
				1# 水轮机接力器安装	SGPZG-3-6	
				1# 水轮机转动部件安装	SGPZG-3-7	
				1# 水轮机主轴密封安装	SGPZG-3-8	
				1# 水轮机附件安装	SGPZG-3-9	
				1# 机组油压设备安装	SGPZG-3-10	
				1# 机组调速器系统安装	SGPZG-3-11	
				1# 机组调速系统静态调整试验	SGPZG-3-12	
				1# 机组定子和转子安装	SGPZG-3-13	
				1# 机组轴承安装	SGPZG-3-14	
				1# 机组制动器安装	SGPZG-3-15	
				1# 机组管路安装	SGPZG-3-16	
				1# 机组轴线调整安装	SGPZG-3-17	
				1# 机组励磁设备及系统安装	SGPZG-3-18	

续表

单位工程名称	单位工程编号	分部工程名称	分部工程编号	单元工程名称	单元编号	备注
谷坪水电站增效扩容改造工程	SGPZG	2 #水轮发电机组安装工程	SGPZG-4	2# 水轮机尾水管安装	SGPZG-4-1	
				2# 蜗壳安装	SGPZG-4-2	
				2# 接力器基础安装	SGPZG-4-3	
				2# 水轮机转轮装配安装	SGPZG-4-4	
				2# 水轮机导水机构安装	SGPZG-4-5	
				2# 水轮机接力器安装	SGPZG-4-6	
				2# 水轮机转动部件安装	SGPZG-4-7	
				2# 水轮机主轴密封安装	SGPZG-4-8	
				2# 水轮机附件安装	SGPZG-4-9	
				2# 机组油压设备安装	SGPZG-4-10	
				2# 机组调速器系统安装	SGPZG-4-11	
				2# 机组调速系统静态调整试验	SGPZG-4-12	
				2# 机组定子和转子安装	SGPZG-4-13	
				2# 机组轴承安装	SGPZG-4-14	
				2# 机组制动器安装	SGPZG-4-15	
				2# 机组管路安装	SGPZG-4-16	
				2# 机组轴线调整安装	SGPZG-4-17	
				2# 机组励磁设备及系统安装	SGPZG-4-18	
		水力机械辅助设备安装工程	SGPZG-5	滤水设备安装	SGPZG-5-1	
				冷却器安装	SGPZG-5-2	
				深井泵安装	SGPZG-5-3	
				离心泵安装	SGPZG-5-4	
				辅助设备管道安装	SGPZG-5-5	
				水力监测仪表设备安装	SGPZG-5-6	
				自动化元件安装	SGPZG-5-7	
				回油箱安装	SGPZG-5-8	
				消防系统设备及管路安装	SGPZG-5-9	
		电气一次安装工程	SGPZG-6	6.3kV 高压开关柜安装	SGPZG-6-1	
				硬母线安装	SGPZG-6-2	
				1# 厂用变压器安装	SGPZG-6-3	
				2# 厂用变压器安装	SGPZG-6-4	
				高压电缆线路安装	SGPZG-6-5	
				低压电缆线路安装	SGPZG-6-6	
				接地设备安装	SGPZG-6-7	
				二次等电位铜排安装	SGPZG-6-8	

续表

单位工程名称	单位工程编号	分部工程名称	分部工程编号	单元工程名称	单元编号	备注
谷坪水电站增效扩容改造工程	SGPZG	电气二次安装工程	SGPZG-7	机组保护系统安装	SGPZG-7-1	
				机组监控、公用监控及油泵控制系统安装	SGPZG-7-2	
				空压机控制系统安装	SGPZG-7-3	
				渗漏排水控制系统安装	SGPZG-7-4	
				尾水闸门控制系统安装	SGPZG-7-5	
				励磁系统及励磁变安装	SGPZG-7-6	
				线路保护系统安装	SGPZG-7-7	
				办公楼集控系统安装	SGPZG-7-8	
				工业电视、移动通信设备安装	SGPZG-7-9	
				通信系统安装	SGPZG-7-10	
				电缆线路安装	SGPZG-7-11	
		主变及附属设备安装工程	SGPZG-8	主变及附件安装	SGPZG-8-1	
				共箱母线安装	SGPZG-8-2	
				35kV 高压开关柜安装	SGPZG-8-3	
		金属结构维修工程	SGPZG-9	1# 压力钢管外壁防腐 管道部分	SGPZG-9-1-1	
				1# 压力钢管外壁防腐 阀门及管件	SGPZG-9-1-2	
				2# 压力钢管外壁防腐 管道部分	SGPZG-9-1-3	
				2# 压力钢管外壁防腐 阀门及管件	SGPZG-9-1-4	
				外露引水压力钢管外壁防腐 1m ～ 50m	SGPZG-9-1-5	
				外露引水压力钢管外壁防腐 50m ～ 100m	SGPZG-9-1-6	
				外露引水压力钢管外壁防腐 100m ～ 150m	SGPZG-9-1-7	

二、质量控制和检测

1. 主要工程质量控制标准

（1）《小型水电站初步设计报告编制规程》（SL/T 179-2019）。

（2）《防洪标准》（GB 50201-2014）。

（3）《水利水电工程等级划分及洪水标准》（SL 252-2017）。

（4）《小型水力发电站设计规范》（GB 50071-2014）。

（5）《水电站压力钢管设计规范》（NB/T 35056-2015）。

（6）《水电站厂房设计规范》（SL 266-2014）。

（7）《水利水电工程施工组织设计规范》（SL 303-2017）。

（8）《水工混凝土结构设计规范》（DL/T 5057-2009）等。

2. 工程质量检测

本工程质量控制标准严格按照国家标准、规范和质量标准执行。在施工过程中采取新材料和新方法，注重技术创新与管理创新，遵循设计文件的技术规定进行严格的质量控制。

为了满足在施工现场进行普遍性材料取样试验或进行工艺试验的要求，同时通过对试验数据进行分析和归纳、整理，找出影响质量安全的不良因素，将得出的结论用于指导现场施工，使之不断优化施工技术参数，确保施工质量和安全。实行动态质量安全管理，依据施工合同要求，在施工现场配备检测设备。

项目施工单位在监理的见证下遵循原材料取样送检的要求，请具有检验资质的单位进行检测。具体检测情况见表 5-7。水泥检测情况及混凝土、砂浆立方体试件控压强度检验情况见表 5-8 和表 5-9。

表 5-7　原材料质量检测情况

检测项目	数量	单位	检测结果	合格率
砂	1	组	全部合格	100%
卵石	1	组	全部合格	100%
水泥	1	组	全部合格	100%
混凝土立方体试件	2	组	全部合格	100%
砂浆立方体试件	1	组	全部合格	100%

表 5-8 水泥检测情况

<table>
<tr><td rowspan="3">项目</td><td colspan="9">检测成果</td></tr>
<tr><td rowspan="2">细度 /%</td><td rowspan="2">标准稠度用水量 /ml</td><td rowspan="2">安定性 /mm</td><td colspan="2">凝结时间</td><td colspan="2">抗折强度 /MPa</td><td colspan="2">抗压强度 /MPa</td></tr>
<tr><td>初凝 /min</td><td>终凝 /min</td><td>3d</td><td>28d</td><td>3d</td><td>28d</td></tr>
<tr><td>检测值</td><td>4.4</td><td></td><td>合格</td><td>220</td><td>295.0</td><td>4.5</td><td>6.7</td><td>19.9</td><td>37.6</td></tr>
<tr><td>国家标准</td><td>≤ 10</td><td></td><td>合格</td><td>≥ 45</td><td>≤ 600</td><td>≥ 2.5</td><td>≥ 5.5</td><td>≥ 10.0</td><td>≥ 32.5</td></tr>
</table>

表 5-9 混凝土、砂浆立方体试件抗压强度检验情况

<table>
<tr><td>部位</td><td>成型时间</td><td colspan="3">单块抗压强度</td><td>该组抗压强度值</td><td>检验结论</td></tr>
<tr><td>1#、2# 机座 C25 混凝土</td><td>2018.2.1</td><td>26.2</td><td>27.9</td><td>32.5</td><td>28.9</td><td>满足设计要求</td></tr>
<tr><td>设备基础 C25 混凝土</td><td>2017.11.25</td><td>32.6</td><td>30.3</td><td>27.1</td><td>30.0</td><td>满足设计要求</td></tr>
<tr><td>墙、地表 M10 砂浆立方体试块</td><td>2017.11.25</td><td>11.5</td><td>10.8</td><td>13.6</td><td>12.0</td><td>满足设计要求</td></tr>
</table>

2019 年 3 月 22 日—5 月 9 日，监理单位平行检测委托科诚检测有限公司进行检测，检测项目包括：水轮机基础和发电机基础混凝土强度；主厂房墙体砂浆强度；主厂房地表、墙面、集中控制室地表饰面板表面平整度；主厂房地表、墙面、集中控制室地表饰面板接缝直线度；主厂房地表、墙面、集中控制室地表饰面板接缝宽度；主厂房、集中控制室安装门留缝限制；主管道、厂内岔管防腐涂层厚度。所有检测结果均合格，具体检测结果详见表 5-10。

表 5-10　监理单位平行检测情况

检测项目	数量	单位	检测结果	合格率
混凝土和砂浆回弹强度	3	处	全部合格	100%
饰面板表面平整度	7	处	全部合格	100%
饰面板接缝直线度	4	处	全部合格	100%
饰面板接缝宽度	4	处	全部合格	100%
门窗留缝限制	3	处	全部合格	100%
钢管防腐涂层厚度	2	处	全部合格	100%

第三方检测委托湖北业主公司水电开发有限公司检修公司进行电气一次、二次及主变压器各项检测，检测结果全部合格，具体检测结果详见表5-11～表5-13。

表 5-11　电气一次设备检测结果汇总

序号	检测内容	检测结果	备注
1	定子、转子绕组绝缘及吸收比	合格	
2	定子转子绕组直流电阻	合格	
3	定子绕组直流耐压及泄漏	合格	
4	定子绕组交流耐压	合格	
5	磁极阻抗实验	合格	
6	集电环耐压测试	合格	
7	转子绕组交流耐压	合格	
8	绕组绝缘及吸收比	合格	
9	绕组直流电阻	合格	
10	交流耐压	合格	
11	接线组别测定	合格	

续表

序号	检测内容	检测结果	备注
12	开关导电回路电阻	合格	
13	交流耐压性能	合格	
14	电缆主绝缘电阻	合格	
15	电缆外护套绝缘电阻	合格	
16	电缆内衬层绝缘电阻	合格	
17	交叉互联系统	合格	
18	耐压实验	合格	
19	绝缘电阻试验	合格	
20	交流耐压试验	合格	
21	五防性能检查	合格	
22	测量绝缘电阻	合格	
23	交流耐压试验	合格	
24	导电回路电阻	合格	
25	相关线圈电阻及绝缘测试	合格	
26	变比及极性测试	合格	
27	交流耐压试验	合格	
28	低压电器连同所连接电缆及二次回路绝缘电阻	合格	
29	电阻器和变阻器的直流电阻	合格	
30	电缆绝缘测试	合格	
31	接地电气完整性、接地电阻测试	合格	

表 5-12　电气二次设备试检测结果汇总

序号	检测内容	检测结果	备注
1	励磁开环闭环实验	合格	见备查资料励磁短路升流、零起升压记录
2	温度表表记校核	合格	见第三方检测报告
3	转速继电器表记校核	合格	
4	保护整定联动出口	合格	
5	保护设备调试	合格	
6	励磁系统调试	合格	见《励磁设备试验报告》
7	调速系统调试	合格	见《调速器系统试验大纲》
8	计算机监控系统	合格	见联合调试对点表
9	集控、通信系统	合格	

表 5-13　主变压器及辅助设备检测结果汇总

序号	检测内容	检测结果	备注
1	绝缘油试验	合格	试验数据见《电气设备交接试验报告》
2	绕组绝缘及吸收比	合格	
3	绕组直流电阻	合格	
4	交流耐压	合格	
5	接线组别测定	合格	
6	绕组介质损耗角正切值	合格	
7	共箱母线及 35kV 开关柜试验	合格	

三、项目质量事故处理情况

谷坪水电站增效扩容项目工程全过程无质量事故。

四、项目质量等级评定

2019 年 5 月 2 日，谷坪水电站增效扩容改造项目分部工程验收会在项目法人单位召开，在水利水电工程质量与安全监督站的监督下，经由施工单位自评、监理单位复核、业主单位认定、质量监督单位核定，谷坪水电站工程项目已遵循设计图纸完成全部施工任务，工程项目质量等级评定结果为合格。分部、单元工程质量评定见表 5-14。

表 5-14 分部、单元工程质量评定汇总

分部工程名称	单元工程质量评定统计					
	编码	单元个数	合格单元个数	合格率 /%	优良单元个数	优良率 /%
主厂房建筑装饰装修工程	SGPZG-1	25	25	100	0	0
办公楼建筑装饰装修工程	SGPZG-2	10	10	100	0	0
1# 水轮发电机组安装	SGPZG-3	18	18	100	10	55.56
2# 水轮发电机组安装	SGPZG-4	18	18	100	10	55.56
机组辅助设备安装	SGPZG-5	13	13	100	8	61.5
电气一次安装	SGPZG-6	7	7	100	4	57.14
电气二次安装	SGPZG-7	9	9	100	7	77.78
主变及辅助设备	SGPZG-8	3	3	100	3	100
金属结构维修工程	SGPZG-9	7	7	100	0	0
合 计	110	110	100	42	38.18	

备注：由于实际建设过程中的内容调整，单元工程由 114 个调整为 110 个。

第五节 安全生产与文明施工

安全生产是党和国家的一贯方针和基本国策，是保护劳动者的安全和健康，推进社会生产力的保障，也是保障社会主义经济快速发展、进一步实行改革开放的基本条件。作为安全事故发生较多的建筑类项目施工行业，尤其应当汲取教训，引起注意，做好防范，提升认识。

为进一步落实农村水电站安全生产主体责任，规范水电站安全生产标准化建设达标评级工作，我公司于 2019 年 1 月 7 日起召开了谷坪水电站安全生产标准化达标评级工作动员会，下发了《关于开展谷坪水电站增效改造项目安全生产标准化达标评级的通知》，成立了自查评工作组。

2019 年 5 月 15 日，与工程咨询有限公司（资质等级二、三级）签订了《谷坪水电站增效改造工程安全生产标准化达标评审服务合同》进行技术咨询。

2019 年 5 月 21 日，工程咨询有限公司相关人员召开首次咨询会，作出自查评部署。

2019 年 8 月 14 日，公司完成自查评报告。

2019 年 8 月 23 日，第三方公司对自查评报告进行了初评，提出了整改项。

2019 年 11 月 12 日，与工业电视公司签订了《公司谷坪水电站视觉识别系统建设合同》，对现场安全进行整改。

自查评组依据《农村水电站安全生产标准化评审标准》，通过查阅技术及管理资料、现场检查等方式，重点检查了谷坪水电站安全生产目标、安全生产投入、生产设备设施、作业安全、隐患排查和治理、重大危险源控制、应急救援等 13 项工作。

（1）安全生产目标。

1）公司 2019 年年初与业主公司签订了 2019 年度安全生产责任书，明确了安全生产目标和实现目标的承诺。

2）公司分别与各部门负责人签订年度安全生产责任书。各部门针对公司年度安全生产目标层层分解到班组，并签订安全责任书，制订了相应的保障措施。

（2）组织机构及职责。

公司成立了以总经理为主任的安全生产委员会，公司印发了《公司安全生产职责规范》，明确了各自安全职责、责任追究及考核办法。

公司定期召开了安全生产会议、安全生产分析例会，对安全生产情况、反违章和隐患排查开展情况，定期进行了总结。针对生产过程中出现的问题适时调整安全工作重点、落实安全责任，及时处理安全生产过程中出现的问题，确保安全生产。

1）安全生产投入。

本年度安全生产管理费用由上一年制定并下达，有专项支出计划，并在本年度落实应用。安全生产资金投入充裕，建立了安全生产费用分类细化内容，监督使用情况并记录。

2）法律法规与安全管理制度。

3）法律法规的辨识。

依据安全生产标准化建设要求，公司长期坚持对法律法规的辨识工作，并把有效文件上传至公司标准化网站，以便各单位及职工获取。集中学习以《安全生产法》为基础，重点宣贯执行了《国务院关于进一步加强安全生产工作的通知》《生产安全事故报告及处理条例》（国务院 493 号令）、《电力安全事故应急处置和调查处理条例》（国务院 599 号令）、《安全生产事故隐患排查治理暂行规定》等法律法规。

4）安全教育培训。

公司安全教育培训工作坚持“内部培训为主，外部培训为辅”的要求进行，公司有教育培训管理办法，坚持管理人员及特种作业人员持证上岗。

5）生产设备设施。

为加强对设备设施可靠性管理，提升设备设施的运行可靠性，制定了设备设施责任分工，进一步细化了设备管理各项规章制度及标准，从公司层面确保设备管理分工合理、责任到人；同时，组织制定并落实了设备台账，强化设备质量管理，完善设备质量标准、缺陷管理等制度。

（3）运行管理方面。

严格遵守调度纪律，严格执行调度命令，严格落实调度指令。并认真监视设备运行工况，依据调度要求合理调整设备状态参数，正确处理设备异常情况。

1）作业安全。

制定了完整的运行规程，明确了设备运行人员操作标准程序和安全注意事项，并制订了施工安全分析，明确检修、保养人员的施工标准程序、作业过程中的危害来源及防范措施。

建立“两票”制度，认真落实操作票和工作票，两票执行率达到100%。

2）隐患排查和治理。

严格按照公司隐患排查管理制度执行，形成闭环管理，监督到位。

3）重大危险源监控。

在重大危险源管理方面，公司制定了《重大危险源管理制度》，公司无重大危险源。

4）职业健康管理。

公司长期以来高度重视职工的职业健康工作，定期（每年一次）组织员工进行体检。针对不同的生产岗位，配备相应的劳动防护用品，合理地防止了作业危害，确保作业安全。截止到目前为止，未发现职业病案例。

5）应急救援。

我公司依据实际情况编制了各类应急预案，主要包括综合应急预案、水淹厂房应急预案、厂用电全停应急预案、火灾应急预案等。

6）信息报送和事故调查处理。

水电站自运行以来无安全生产事故发生。

第六节 工程验收

一、分部工程验收

依据《水利工程建设项目验收管理规定》（水利部令第30号）、《水利水电建设工程验收规程》（SL 223-2008）、《水利水电工程施工质量检验与评定规程（附条文说明）》（SL 176-2007）、设计文件等相关规定，公司于2019年5月2日，在业主公司主持召开了谷坪水电站增效改造工程分部工程（机电安装部分6个分部）验收会议，并成立了分部工程验收工作组。2019年7月23日，在业主公司主持召开了谷坪水电站增效改造工程分部工程（厂房装饰装修3个分部）验收会议，并成立了分部工程验收工作组。

验收工作组由业主公司、中国电建集团设计院有限责任公司、监理单位、安装公司等单位代表组成。水利水电工程质量与安全监督站派员列席本次本部工程验收会议。

验收工作组察看了工程现场，听取了施工单位工程建设和质量评定情况的汇报，查阅了工程验收有关资料。形成鉴定意见如下：

1. 厂房机电安装部分

厂房机电安装部分已按设计要求完成，共包括6个分部工程，单元工程合计68个，单元工程质量经检验结果全部为合格，其中42个优良单元工程质量，施工使用的原材料、中间产品质量全部合格，项目实施的全过程未发生过质量事故，工程资料准确、齐全。依据《水利水电工程施工质量检验与评定规程（附条文说明）》（SL 176-2007），评定本分部工程质量等级为合格。厂房机电安装部分质量评定见表5-15。

表 5-15 厂房机电安装部分质量评定汇总

分部工程	单位工程质量评定统计				
名 称	单元个数	合格单元个数	合格率 /%	优良单元个数	优良率 /%
1# 水轮发电机组安装	18	18	100	10	55.56
2# 水轮发电机组安装	18	18	100	10	55.56
机组辅助设备安装	13	13	100	8	61.5
电气一次安装	7	7	100	4	57.14
电气二次安装	9	9	100	7	77.78
主变及辅助设备	3	3	100	3	100
合 计	68	68	100	42	61.76

2. 装饰装修部分

装饰装修部分包括办公楼装修、金属结构维修、主厂房装饰装修 3 个分部工程，单位工程合计 42 个，单元工程质量全部合格，原材料、中间产品质量经检验全部合格，未发生过质量事故，工程资料准确、齐全。依据《水利水电工程施工质量检验与评定规程（附条文说明）》（SL 176-2007），评定本分部工程质量等级为合格。装饰装修部分质量评定见表 5-16。

表 5-16　装饰装修部分质量评定汇总

分部工程	单位工程质量评定统计				
名　称	单元个数	合格单元个数	合格率 /%	优良单元个数	优良率 /%
主厂房建筑装饰装修工程	25	25	100	0	0
办公楼建筑装饰装修工程	10	10	100	0	0
金属结构维护工程	7	7	100	0	0
合　计	42	42	100	0	0

二、单位工程验收

依据《水利工程建设项目验收管理规定》（水利部令第 30 号）、《水利水电建设工程验收规程》（SL 223-2008）、《水利水电工程施工质量检验与评定规程（附条文说明）》（SL 176-2007）、设计文件等相关规定，业主公司于 2019 年 10 月 11 日，在长阳县主水利枢纽主持召开了谷坪水电站增效改造工程单位工程验收会议。

验收工作组由业主公司、设计院、监理单位、安装公司、土建承包单位等单位代表组成。同时水利水电工程质量与安全监督站派员参加了验收会议，并对单位工程验收进行了监督。

验收工作组察看了工程现场，听取了谷坪水电站增效改造工程单位工程建设、设计、监理、施工等单位的工作报告，审查了工程验收文件及资料并进行了认真讨论，形成如下鉴定意见：

本合同工程项目已按批准的设计内容完成，工程档案资料齐全；第三方检测结果达到设计要求。试运行情况正常，运行记录资料齐全，机组运行数据均正常，全过程未发生质量安全事故。依据《水利水电建设工程验收规程》的相关条款要求，项目验收工作组同意通过单位工程验收，谷坪水电站增效改造工程单位工程质量评定等级为合格。

三、机组启动验收

依据国家标准《小型水电站建设工程验收规程》（SL 168-2012）的规定和要求，2019 年 4 月 16 至 17 日，公司组织了谷坪水电站增效改造项目技术预验收，经过预验收检查组对工程建设现场、档案资料的检查，依据预验收规范提出了意见和建议，并形成了检查工作报告。

依据《小型水电站建设工程验收规程》（SL 168-2012）和水利部《关于印发农村水电增效扩容改造项目验收指导意见的通知》（水电〔2012〕329 号）等相关要求，湖北省水利厅于 2019 年 10 月 15 日，在业主公司主持召开了谷坪水电站增效改造工程机组启动验收会议，并成立了验收委员会。

验收委员会有省水利厅、水利水电局、水利水电工程质量与安全监督站、长阳县水利水电局、国家电网供电公司等单位代表及特邀专家组成，业主公司、设计院、安装公司、监理单位和主要设备制造厂家等单位代表参加了验收会议。

验收委员会察看了工程现场，听取了工程建设管理、技术预验收、机组试运行、质量监督评价等工作报告，查阅了带负荷连续运行 72h 试验报告、第三方检测试验报告、设计工作报告、监理工作报告、施工管理上作报告等技术资料，进行了咨询和讨论。形成鉴定意见如下：

谷坪水电站机电安装部分于 2019 年 5 月安装完成，2019 年 6 月 2 日完成各项检验试验及 72h 试运行试验，机组振动、摆度等符合规范要求。轴承温度，调速系统，励磁系统，油、气、水系统满足机组运行要求，计算机监控系统均正常工作。验收工作组同意通过机组启动验收，谷坪水电站增效改造机组启动验收工程质量评定等级为合格。

第七节　工程初期运行情况

一、运行概况

谷坪水电站自7月6日投入商业运行以来，2台机组运行工况良好，机组轴承各部瓦温正常，相关辅助设备运行正常，机组振动等各项运行数据均满足设计生产厂家要求。此次改造成功解决了机组之前运行效率降低、运行区域严重不在最优工况区、机组振动超标等多项关键技术问题。机组运行数据具体见表5-17和表5-18。

表5-17　谷坪水电站1号发电机组瓦温统计

序号	前轴瓦温1℃	前轴瓦温2℃	后轴瓦温1℃	后轴瓦温2℃
2019年7月	42	46.5	43.5	43.7
2019年8月	42.8	45.5	44.8	43
2019年9月	43	45.7	44.3	44.8
2019年10月	42.5	41.5	43	43.8
2019年11月	41.4	40.8	42.2	44.2

表5-18　谷坪水电站2号发电机组瓦温统计

序号	前轴瓦温1℃	前轴瓦温2℃	后轴瓦温1℃	后轴瓦温2℃
2019年7月	46.8	46.6	46.2	44.6
2019年8月	46.2	46.4	46.2	44.2
2019年9月	45.8	46.6	46.4	44.8
2019年10月	46.2	45.8	45.6	43.8
2019年11月	46.2	46.2	45.8	43.5

二、缺陷情况

经统计，谷坪水电站自投入商业运行以来，共发现重大缺陷0项，紧急缺陷0项，普遍缺陷4项，已处理缺陷4项，具体见表5-19。

表5-19 谷坪水电站缺陷处理清单

序号	缺陷描述	缺陷级别	缺陷状态
1	谷坪水电站2F机组后轴油管路渗油	普遍缺陷	消缺已完成
2	谷坪水电站1F机组前轴端盖漏油、后轴2#瓦温高	普遍缺陷	消缺已完成
3	1F机组调速器系统压力油罐仪表管路左端封堵渗油	普遍缺陷	消缺已完成
4	谷坪水电站两台空压机同时启动	普遍缺陷	消缺已完成

三、辅助设备运行情况

经统计分析，谷坪水电站自投入商业运行以来，辅助设备运行情况良好，各部运行参数均在正常范围内，具体见表5-20。

表5-20 谷坪水电站辅助设备运行参数

谷坪水电站								
设备名称	渗漏排水泵		1#机组调速器系统油泵		2#机组调速器系统油泵		1#机组轴承润滑油泵	
	1#	2#	1#	2#	1#	2#	1#	2#
启动间隔时间	25h		40min		25min		19min	
平均启动间隔时间	27h		44min		30min		21min	
单次启动运行时间	87s	62s	32s	31s	21s	20s	697s	699s
平均启动运行时间	85s	65s	32s	32s	23s	21s	889s	920s
设备名称	2#机组轴承润滑油泵		蝶阀设备油泵		空压机		漏油泵	
	1#	2#	1#	2#	1#	2#	无	
启动间隔时间	12min		135min		7～8h			
平均启动间隔时间	13min		157min		9h			
单次启动运行时间	503s	523s	24s	27s	306s	311s		
平均启动运行时间	514s	524s	23s	28s	298s	288s		

四、检修情况

2019 年 9 月，由业主公司检修公司完成对谷坪水电站两台机组的 C 级检修，全面检查了谷坪水电站调速器系统部分、水轮机部分、发电机部分、主变压器部分、厂用电系统、电气二次部分等，对设备进行全面清扫，对柜体及柜内各元器件均进行清扫检查及端子紧固，所检修设备电气预防性试验达到相关规范的要求，水电站设备无明显遗留问题，具备正常投运条件，详见《谷坪水电站一号机 C 级检修报告》《谷坪水电站二号机 C 级检修报告》。

五、谷坪水电站机组稳定性测试分析

1. 稳定性试验的目的

本次试验的主要目的在于检测谷坪水电站两台水轮发电机组在启动试运行过程中的稳定性参数，分析该机组在试运行期间可能存在的问题，并提出相应的处理措施，为机组安全稳定运行提供技术保证。

2. 机组形式与测点布置

由于该水轮发电机组为卧式机组，整个轴系由水轮机转子和发电机转子组成，其中发电机转子由两个径向轴承支承，水轮机转子为悬臂结构，因此未测量水轮机振动。

（1）摆度测点：在发电机前后轴承布置涡流传感器，测量机组摆度，共两个测点。

（2）振动测点：在发电机前、后轴承处垂直方向和水平方向布置振动速度探头，测量发电机轴承座振动，共 4 个测点。

（3）键相测点：在发电机前轴承附近大轴表面布置光标，在发电机前轴承上布置光电探头，测量机组转速，共计 1 个测点。

3. 一号机组数据分析

谷坪水电站一号水轮发电机组稳定性试验，试验数据如下。

（1）变转速试验，试验数据见表 5-21，波德曲线如图 5-1 所示。从图表数据可以看出，在定速过程中，一号机组发电机前轴承摆度在 180μm 左右。频谱分析表明，该信号工频分量振动幅值约 140μm，说明发电机存在一定的质量不平衡。

表 5-21　变转速试验过程中一号机组稳定性试验数据

单位：μm

工况（转速）	发电机前轴承			发电机后轴承		
	垂直振动	水平振动	摆度	垂直振动	水平振动	摆度
25%	18	16	160	12	10	113
50%	13	14	167	9	10	103
75%	18	15	174	18	19	94
100%	24	18	182	19	25	100

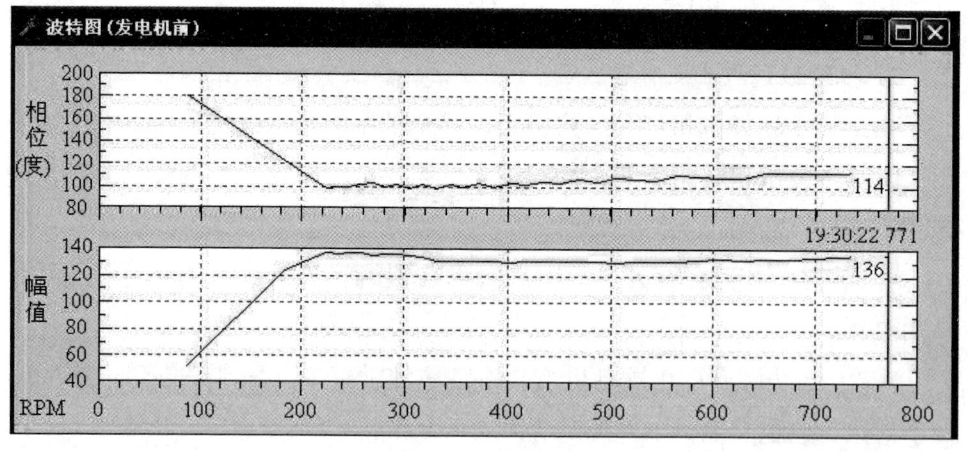

图 5-1　发电机前轴承摆度波德图

（2）变电流试验，试验数据见表 5-22，振动趋势如图 5-2 所示。从图表数据可以看出，在变励磁电流试验过程中，一号机组发电机振动变化不大（振动轻微变化主要是由水力不稳定振动引起的），说明该机组电磁平衡状态良好。

表 5-22 变励磁电流试验过程中一号机组稳定性试验数据

单位：μm

工况（励磁）	发电机前轴承		发电机后轴承	
	垂直振动	水平振动	垂直振动	水平振动
25%	24	18	19	23
50%	23	18	19	23
75%	22	18	19	25
100%	21	18	19	24

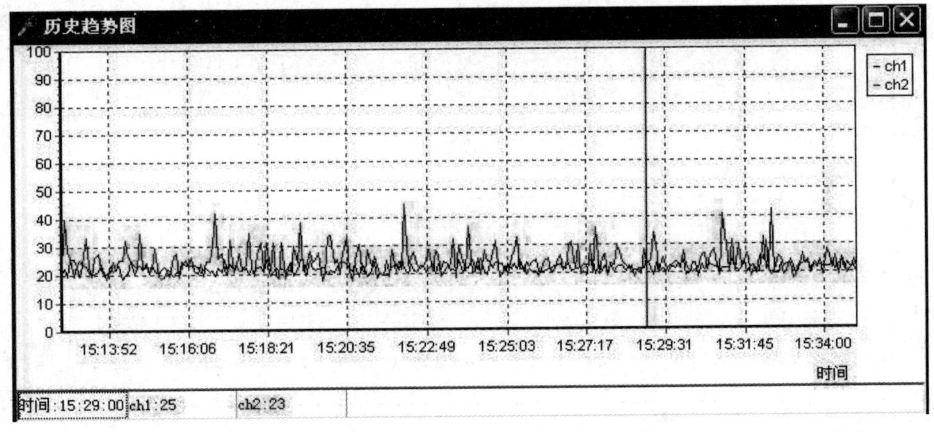

图 5-2 励磁试验过程中发电机振动趋势图

（3）变负荷试验，试验数据见表 5-23，振动趋势如图 5-3 所示。从图表数据可以看出，一号机组在 0.1～2.6MW 负荷区间运行时，发电机振动在 20～50μm 之间波动；但 2.8MW 以上负荷运行时，发电机振动变化不大，说明 0.1～2.6MW 负荷区域很可能为该水轮发电机组的振动区域。

表 5-23 变负荷试验过程中一号机组稳定性试验数据

单位：μm

工况（负荷）	发电机前轴承		发电机后轴承	
	垂直振动	水平振动	垂直振动	水平振动
25%	30	29	34	35
50%	26	24	30	33
75%	19	16	18	19
100%	21	18	19	21

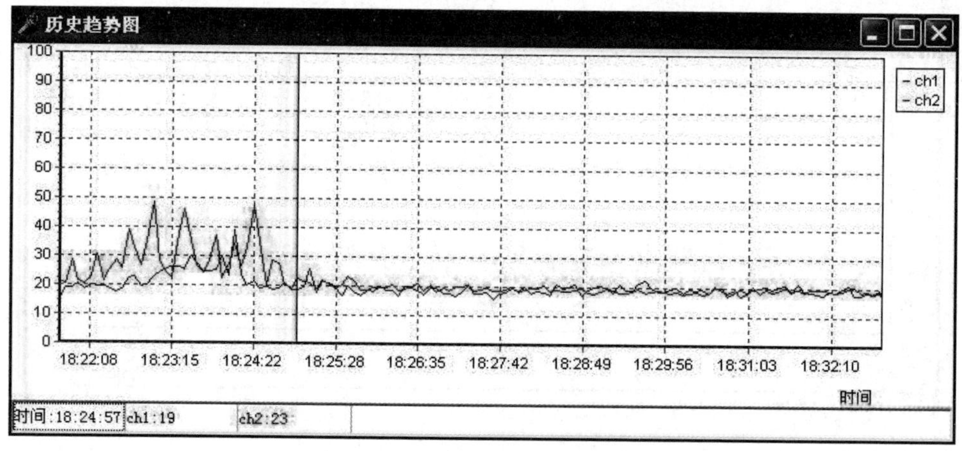

图 5-3 带负荷试验过程中发电机振动趋势图

4. 二号机组数据分析

谷坪水电站二号水轮发电机组进行了稳定性试验，试验数据如下。

（1）变转速试验，试验数据见表 5-24，波德曲线如图 5-4 所示。从图表数据可以看出，在定速过程中，二号机组发电机前轴承摆度在 180μm 左右。频谱分析表明，该信号工频分量振动幅值约 150μm，说明发电机存在一定的质量不平衡。

表 5-24　变转速试验过程中二号机组稳定性试验数据

单位：μm

工况（转速）	发电机前轴承			发电机后轴承		
	垂直振动	水平振动	摆度	垂直振动	水平振动	摆度
25%	15	12	177	23	32	107
50%	15	13	173	24	37	104
75%	21	16	157	22	33	106
100%	24	18	164	19	23	101

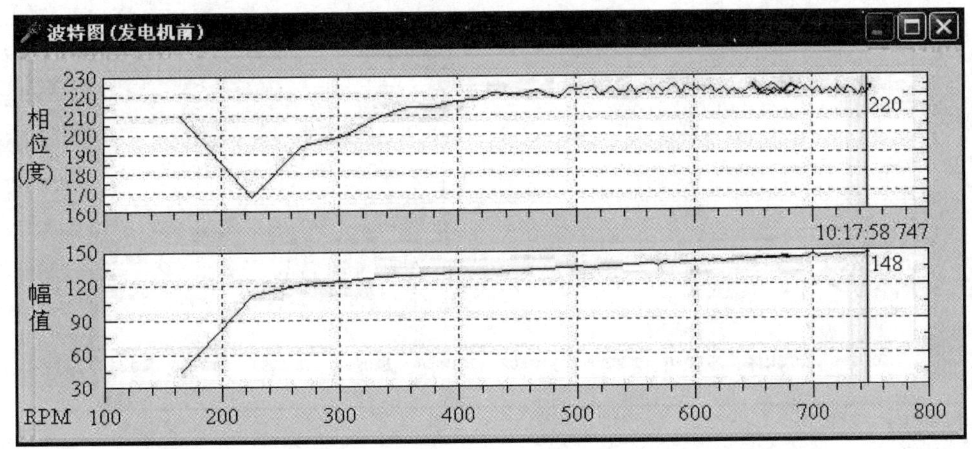

图 5-4　发电机前轴承摆度波德图

（2）变电流试验，试验数据见表 5-25，振动趋势如图 5-5 所示。从图表数据可以看出，在变励磁电流试验过程中，二号机组发电机振动变化不大（振动轻微变化主要是由水力不稳定振动引起的），说明该机组电磁平衡状态良好。

表 5-25 变励磁电流试验过程中二号机组稳定性试验数据

单位：μm

工况（励磁）	发电机前轴承		发电机后轴承	
	垂直振动	水平振动	垂直振动	水平振动
25%	24	18	19	23
50%	23	18	19	24
75%	25	22	20	34
100%	22	19	25	36

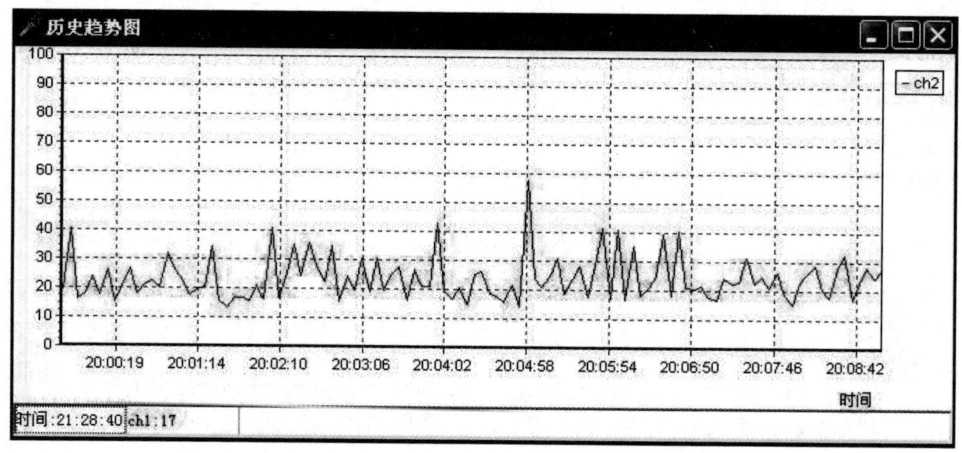

图 5-5 励磁试验过程中发电机振动趋势图

（3）变负荷试验，试验数据见表 5-26，振动趋势如图 5-6 所示。从图表数据可以看出，二号机组在 0.1～2.7MW 负荷区间运行时，发电机振动在 20～100μm 之间波动；但在 2.8MW 以上负荷运行时，发电机振动变化不大，说明 0.1～2.7MW 负荷区域很可能为该水轮发电机组的振动区域。

表 5-26 变负荷试验过程中二号机组稳定性试验数据

单位：μm

工况（负荷）	发电机前轴承		发电机后轴承	
	垂直振动	水平振动	垂直振动	水平振动
25%	54	58	72	78
50%	28	32	26	25
75%	20	23	18	20
100%	19	22	17	19

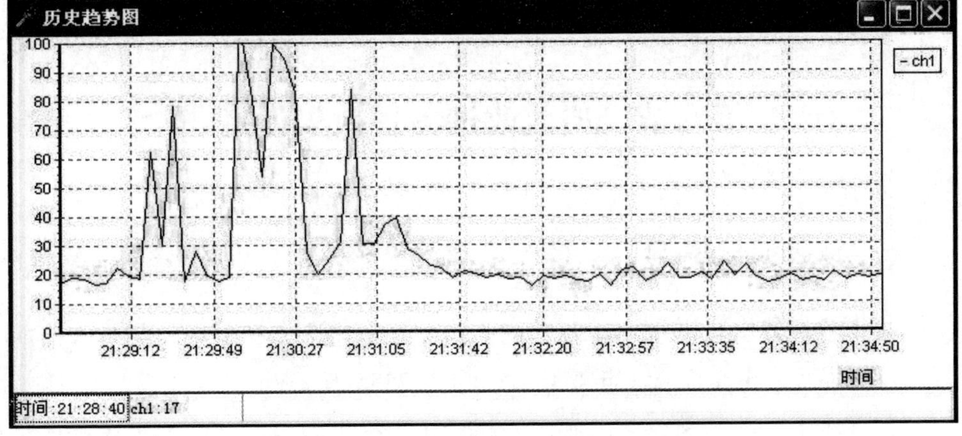

图 5-6 带负荷过程中发电机振动趋势图

5. 结论

（1）一号水轮发电机组发电机前轴承摆度小于 185μm，后轴承摆度小于 110μm，发电机垂直振动和水平振动均小于 50μm；二号水轮发电机组发电机前轴承摆度小于 180μm，后轴承摆度小于 110μm，振动和摆度满足标准要求。

（2）一号水轮发电机组在 0.1 ~ 2.6MW 负荷区间运行时，发电机振动在 20 ~ 50μm 之间波动；二号水轮发电机组在 0.1 ~ 2.7MW 负荷区间运行时，发电机振动在 20 ~ 100μm 之间波动。说明该负荷区域很可能为该水轮发电机组的振动区。建议在机组运行期间尽量避免在该负荷区域运行。

（3）谷坪水电站二号水轮发电机组在 0.1 ～ 2.7MW 负荷区间运行时，发电机振动在 20 ～ 100μm 之间波动，最大振动超过标准要求。在其他工况下，发电机垂直振动和水平振动均小于 30μm，该机组振动满足标准要求。

（4）两台水轮发电机组电磁平衡状态良好，在励磁电流试验过程中，振动的轻微变化主要是由水力不稳定振动引起的。

（5）两台水轮发电机组发电机存在一定的质量不平衡。如有机会，可考虑对发电机转子实施现场动平衡，进一步提高机组稳定性水平。

（6）两台水轮发电机组未配备振动与摆度在线监测系统，如有机会，建议安装振动与摆度在线监测系统，以便对该机组稳定性参数进行实时监测。

第八节　增效改造项目效果评定

一、改造前能效情况

由于谷坪发电量依据主水利枢纽生产生活用电需求量供电，依据改造前近 8 年来谷坪发电量统计，年平均发电量为 2355 万 kWh。

谷坪水电站改造前，水电站水轮机额定点模型效率为 90%，考虑卧式水轮机效率负修正，原型水轮机额定效率为 87%，发电机效率为 95%，所以水电站综合效率为 82.6%。随着上游水电站的投产，主水利枢纽水库的管理模式发生了一系列变化，水库水位维持在较高水位，导致了谷坪水电站水轮发电机组长期运行在非高效率工况区域，效率下降，运行振动大，出现扫镗情况，转轮气蚀严重，甚至发生叶片断裂，导水机构磨损严重，多次维修后，转轮室基准面已失去。发电机绝缘设计为 B 级，2008 年前为追求经济效益，长期超负荷运行，单机最高达 6000kW，同时年运行时间超 8000h 机组绝缘老化，所以机组无法正常停机备用，只能空载运行备用，已构成大量水能资源的浪费。由于谷坪水轮机总是在高水头满负荷或长时间高水头极低负荷，所以水轮机运行效率仅为 81% ～ 83%。再考虑发电机老化效率下降及变压器老化损耗提升等因素，谷坪水电站机组实际运行综合效率为 76.4%。

二、改造后能效设计初步结论

1. 增效改造后机组综合效率

谷坪水电站改造后，水电站水轮机额定模型效率为 93.6%，考虑卧式水轮机效率负修正，原型水轮机额定效率为 91.6%，发电机效率为 96%，改造后机组综合效率达到 87.9%。改造后机组综合效率提升约 15.04%。

依据《财政部 水利部关于印发 < 农村水电增效扩容改造绩效评定暂行办法 >》（财建〔2013〕45 号）“农村水电增效扩容改造项目绩效评价表”中“增效扩容改造后额定工况下，单机功率 3000kW ～ 10000kW 的机组综合效率达到 81% 以上为满分项”的标准，谷坪水电站增效改造后机组综合效率指标为满分项。

2. 增效改造后按发电量计算的增效幅度

改造后机组综合效率提升约 15.04%，可提升发电量 354 万 kWh。

改造后，谷坪机组能够正常停机备用，可不再浪费现有谷坪机组枯水期空载备用运行水量，这部分节省的枯水期水量（即改造前机组空载备用运行损耗的枯水期水量）年平均可提升发电量约 144 万 kWh（平均空载流量约 $0.8m^3/s$，$N=9.81\times0.8\times101\times0.93\times0.98=722$kW，按每年空载运行约 2000h 计算，电量为 144.4 万 kWh）。

所以改造后年发电量提升了约 354+144=498 万 kWh。

谷坪水电站增效改造后按发电量计算的增效幅度为：$498/2355\approx21.1\%$。

依据《财政部 水利部关于印发 < 农村水电增效扩容改造绩效评定暂行办法 >》（财建〔2013〕45 号）“农村水电增效扩容改造项目绩效评价表”中“增效扩容改造后按发电量计算的增效幅度为 20% 以上为满分项”的标准，谷坪水电站增效改造后按发电量计算的增效幅度指标为满分项。

工程尾工安排：

谷坪水电站厂房侧墙及6kV室渗水处理；

对厂房入口交通洞、吊物井及运输平洞区域环境进行综合整治。

第九节　项目管理概述

在谷坪水电站增效改造项目建设过程中，项目法人得到了上级相关单位和领导的大力支持和高度重视，同时，精心组织、虚心学习，积累了一些经验。

一、重视安全管理，确保万无一失

在谷坪水电站增效改造项目建设过程中，公司一直把安全放在首位。以落实业主的主体责任为核心，项目部专门成立了安全组，负责项目改造期间安全监管与消防保卫工作；提出“三零（零异常、零违章、零污染）”安全目标；项目开工前公司对谷坪水电站改造进行了危险源辨识，针对高空作业、施工用电、起吊作业、机械伤害、水淹厂房等编制了安全管理方案，公司组织召开了谷坪水电站增效改造专题会，对安全管理方案进行了审议。

项目开工前，与施工单位签订了安全协议，对所有施工人员进行三级安全教育，并进行安规考试，考试合格后方能进场施工；要求施工单位针对现场编制了高空作业、施工用电、特种作业及大件吊装、现场防火、人员管理等专项安全技术措施，由监理单位、业主审查。

项目开工后，对水电站机械和电气设备进行有效隔离，落尾水门、进水门，切断电源和操作油源，确保厂房无外部来水，防止误操作开启尾水门与进水门；安排施工单位每天检查厂房渗漏排水系统，确保厂内排水畅通；利用工业电视系统，加强对谷坪水电站施工现场的实时监控；依据施工需要及时调整供电方案及现场处置预案，在保障施工电源可靠的同时，又确保施工现场人员无触电的风险。

施工过程中，严格执行工作票制，工作负责人由公司主要技术人员担任，工作班成员为受安全教育后的施工人员；在核实现场安全措施后开工；每天开工前召开班前会，进行现场安全交底。

重视施工过程的安全监督检查。公司项目部利用每周召开一次现场协调会的机会，现场检查安全措施是否符合要求、是否存在安全隐患，对发现的问题及时要求整改；公司质安部、市水利部门不定期进行现场督查，对发现的问题要求施工方立即整改，针对整改不力的对整个施工单位下达停工整改通知单。

二、严控质量和进度，确保优质高效

在谷坪水电站增效改造项目建设过程中，公司一直把质量工作作为重中之重。要求监理公司严格按照质量和进度控制措施开展工作，依据合同文件、设计文件和技术标准对施工过程进行监督。尤其是对关键环节、关键工序、隐蔽工程和重要部位进行严格的质量检验。公司项目质量验收组对监理公司的质量监理工作进行了全程跟踪检查。

要求设计单位及时全面地做好设计交底，对关键环节要亲临现场做技术指导，确保现场施工质量达到设计要求。

要求施工单位依据定稿的进度甘特图进行计划分解，制定出月、周、日工作计划，并严格执行进度计划。当进度出现滞后时，施工单位要分析原因，提交解决方案，经三方协商一致后执行。同时，定期（每周一下午）由项目法人负责组织召开现场工作协调碰头会，准确掌握工程进度，并解决施工过程中遇到的困难和问题。

三、严格环节把控，确保投资不超标

该项目本着“控制投资，厉行节约”的要求，以设计文件和合同为控制依据，严格控制设计、招投标、施工、设计变更及工程结算等环节，确保工程投资不超出预算额度。

第十节　工程验收鉴定

一、项目主要任务和作用

该项目主要任务为通过机电设备的更新改造和厂区环境建设，提升机组的发电效率，提升运行安全可靠性，改善站容站貌，保障生态流量正常泄放。

二、主要技术经济指标

水电站经过增效改造后，装机容量不变（10 MW），设计水头由改造前 90m 提升到 101m，设计流量由原来 13.4 m³/s 减少到 11.5 m³/s，设计年发电量为 2853 万 kWh，比原来（2355 万 kWh）提升发电量 498 万 kWh；水电站机组综合效率由原来的 82.6% 提升到 87.9%。

三、主要建设内容及建设工期

（一）主要建设内容

(1) 机电设备拆除及安装部分：更换 2 台水轮发电机组及其附属设备，调速器系统设备 2 套；更换 2 套发电机励磁系统设备；更换 1 台主变压器、2 台厂用变压器；更换 2 面 35 kV 高压开关柜、12 面 6.3 kV 高压开关柜、8 面机旁 6.3 kV 高压柜及柜内相应的保护设备；更换整理全厂中低压电力电缆及控制保护电缆、桥架、电缆桥架感温电缆；对谷坪计算机监控系统进行改造。

(2) 土建工程部分：对主、副厂房，进厂交通隧洞墙面、地表、顶棚进行整体装修改造；在办公楼三楼新设集控中心、计算机室及 UPS 室，并对其墙面、地表、门、窗进行整体改造；对压力明钢管（桩号 110+156 m 以前为外露的明钢管）及厂内明钢管进行整体防腐处理。

(3) 金属结构部分：对进水口检修闸门及拦污栅进行安全检测和修复防腐；更换尾水启闭机操作控制系统。

（二）建设工期

本工程计划总工期为 12 个月。实际总工期 320 个工作日。

四、项目施工过程

1. 主要工程开工、完工时间

谷坪水电站增效改造工程实际开工时间为 9 月 6 日，实际完工时间为 2019 年 7 月 22 日，实际总工期 320 个工作日。

2. 重大设计变更

无。

3. 重大技术问题及处理情况

无。

五、工程验收及鉴定情况

（一）单位工程验收

2019 年 11 月 10 日，湖北省水利厅在宜昌市主持召开了谷坪水电站增效改造工程完工验收会议，验收委员会同意通过完工验收。

（二）专项验收

（1）档案验收。项目法人在湖北组织召开了谷坪水电站增效改造工程档案验收会议。验收委员会同意通过了档案验收。

（2）环保验收。依据市环保局《关于水电站项目环境现状评估的备案意见》结论，项目在改造过程中，建设单位基本落实了环境保护相关措施。

六、工程质量

（一）工程质量监督

市水利水电工程质量监督站对该工程项目质量进行监督工作。并对单位工程、分部工程、单元工程的划分进行审批并下文批复。

（二）工程项目划分

本项目划分为 1 个单位工程，9 个分部工程以及 114 个单元工程。以上所有工程经由施工单位自评、监理单位复核、业主单位认定、质量监督单位核定，谷坪水电站工程项目已遵循设计图纸完成全部施工任务，工程项目质量等级评定结果为合格。

（三）质量控制和检测

1. 施工自检

谷坪水电站增效改造工程厂房装饰装修标段共检测砂 1 组，合格 1 组，合格率 100%；卵石 1 组，合格 1 组，合格率 100%；水泥 1 组，合格一组，合格率 100%；混凝土立方体试件检测 2 组，合格 2 组，合格率 100%；砂浆立方体试件检测 1 组，合格 1 组，合格率 100%。

蜗壳焊缝检测委托专业检测公司进行检测，调速器系统调试由调速器系统厂家完成、励磁系统调试由励磁厂家调试，各项调试试验完成，蜗壳进水管焊缝检测合格，调速器系统及励磁系统调速合格，检查项目结果全部合格。

2. 监理平检

谷坪水电站增效改造工程的监理平行检验在业主和市水利水电工程质量与安全监督站的共同商议下，监理平行检验仅对装饰装修及维修工程的质量进行平行检验，电气交接试验以业主单位委托的第三方检验为评价依据。谷坪水电站增效改造工程装饰装修及维修标段共检测砂 1 组，合格 1 组，合格率 100%；卵石 1 组，合格 1 组，合格率 100%；水泥 1 组，合格 1 组，合格率 100%；混凝土立方体试件检测 2 组，合格 2 组，合格率 100%；砂浆立方体试件检测 1 组，合格 1 组，合格率 100%；装饰装修量测检测部位若干，合格率 100%，监理平检由专业检测公司进行检测，具备混凝土工程甲级资质。

3. 第三方检测

（1）土建部分。

混凝土和砂浆回弹强度检测：谷坪水电站增效改造工程项目水轮机基础和发电机基础混凝土强度按 JGJ/T 23-2011 检测，主厂房墙体砂浆强度按 GB/T 50315-2011 检测均满足设计要求。

饰面板表面平整度检测：谷坪水电站增效改造工程项目 310 集控房、主厂房和 109 集控房墙面及地表饰面板表面平整度采取 2 m 靠尺和塞尺按 GB 50209-2010、GB 50210-2001 所述方法进行检测均符合规范要求。

饰面板接缝直线度、宽度检测：谷坪水电站增效改造工程项目主厂房、310 集控房和 109 集控房地表饰面板接缝直线度、宽度采取 5 m 小线盒和钢直尺及塞尺按 GB 50209-2010、GB 50210-2001 所述方法进行检测均符合规范要求。

门窗留缝限值检测：谷坪水电站增效改造工程项目主厂房 6 kV 室和 310 集控房、109 集控房门窗留缝限值采取钢直尺和塞尺按 GB 50210-2001 所述方法进行检测均符合规范要求。

钢管防腐涂层厚度检测：宜昌市谷坪水电站增效改造工程项目主管道和厂内岔管防腐涂层厚度采取钢结构涂层厚度检测仪按 SL 105-2007 所述方法进行检测均符合规范要求。

（2）电气部分。

依据相关规程规范的要求，以及结合工程实际情况，第三方检测委托检修公司进行电气一次、二次及主变压器各项检测，检测结果全部合格。

综合评定：蜗壳进水管焊缝检测、调速器系统调试、励磁系统调试，电气一次、二次及主变压器各项检测项目经检查结果全部合格，均符合设计及技术规范要求。

（四）质量等级评定

2019 年 5 月 2 日，谷坪水电站增效扩容改造项目分部工程验收会在项目法人单位召开，在市水利水电工程质量与安全监督站的监督下，各参建单位对工程现场实地踏勘，对工程资料进行审阅后一致认为，谷坪水电站增效改造工程 9 个分部工程已全部完成。

七、工程运行管理

工程由业主公司负责运行管理，定岗运维人员 8 名，水电站日常采取“无人值班，少人值守”的管理模式。运行管理经费来源为发电经营收入。2019 年 6 月 26 日，主体工程完成移交。

八、工程初期运行及效益

谷坪水电站自 7 月 6 日投入商业运行以来，两台机组运行工况良好，机组轴承各部瓦温正常，相关辅助设备运行正常，机组振动等各项运行数据均满足设计生产厂家要求。

谷坪水电站自增效改造工程完工后投产以来，累计发电量合计 2216.945

万 kWh，按照电量单价 0.307 元 /kWh 折算，谷坪水电产生经济效益累计约 680.60 万元。

九、结论

谷坪水电站增效扩容改造工程已按照批准的设计内容完成，工程质量合格，财务管理基本规范，投资控制基本合理，竣工财务决算已通过审计，工程档案、消防、环保、安全方案已通过专项验收流程，工程项目运行正常。竣工验收管理委员会一致同意谷坪水电站增效改造项目工程通过竣工验收。

第十一节 工程建设大事记

1.2018 年 9 月 6 日，项目监理单位进场，下发合同项目开工令，工程正式开工，业主与项目施工单位交接场地。

2.2018 年 9 月 8 日，开始进行旧设备拆除工作。

3.2018 年 9 月 14 日，第一台转子拆除并转运至指定场地。

4.2018 年 9 月 17 日，第二台转子转运出厂房。

5.2018 年 9 月 22 日，厂内所有电气一、二次设备拆除完成并转运至业主指定场地。

6.2018 年 9 月 23 日，所有高压柜到场。

7.2018 年 9 月 25 日，新主变到场并就位。

8.2018 年 10 月 5 日，机架、蜗壳拆除完成转运至厂外。

9.2018 年 10 月 15 日，电缆拆除完成。

10.2018 年 10 月 20 日，新蜗壳、尾水管及附件到场。

11.2018 年 11 月 6 日，励磁柜、励磁变等励磁系统设备到场。

12.2018 年 11 月 7 日，发电机组及轴承到场。

13.2018 年 11 月 15 日，转运发电机定转子至厂内。

14.2018 年 11 月 16 日，蜗壳现场验收。

15.2018 年 11 月 24 日，所有二次盘柜到场。

16.2018 年 11 月 29 日，所有电气设备安装就位。

17.2018 年 12 月 7 日，监理下发电气一、二次图册及电缆清册。

18.2018 年 12 月 8 日，电缆到场。

19.2018 年 11 月 28 日，施工电源改变供电方式。

20.2019 年 1 月 27 日，机组回装基本完成。

21.2019 年 3 月底，电缆接线工作基本完成，开始空压机系统调试。

22.2019 年 4 月 12 日，电气设备交接试验完成。

23.2019 年 5 月 10 日，谷坪水电站 1 号机组尾水管开始充水。

24.2019 年 6 月 1 日至 2 日，谷坪水电站 1、2 号机组分别完成带额定负荷连续 72h 试运行。

25.2019 年 6 月 25 日，公司集控中心搬迁改造工作完成。

26.2019 年 6 月 25 日，谷坪水电站机电设备完成移交。

参考文献

[1] 水利部农村水电及电气化发展局 . 中国小水电 60 年 [M]. 北京：中国水利水电出版社，2009.

[2] GB 50706-2011 水利水电工程劳动安全与工业卫生设计规范 [S]

[3] SL 221-2009 中小河流水能开发规划编制规程 [S]

[4] 水利部农村水电及电气化发展局，水利部农村电气化研究所 . 农村水电增效扩容改造项目建设与管理 [M]. 北京：中国水利水电出版社，2013.

[5] 全国农村水能资源调查评价工作领导小组 . 中华人民共和国农村水能资源调查评价成果报告 (2008)[R]. 北京：中国水利水电出版社，2008.

[6] 重庆市水利局 . 农村水电助力精准扶贫提升河流生态功能 [J]. 中国水利，2017（24）：212-215.

[7] 程夏蕾，樊新中，卢小萍 . 农村水电增效扩容改造的惠农机制研究 [J]. 中国水利，2010（14）：27-29.